AF302824

Thomas Zipsner

leitete das Lektorat Maschinenbau beim SpringerVieweg Verlag. Unter seiner Verantwortung stand unter anderem das Lern- und Lehrsystem Böge/Technische Mechanik. Während seiner fast 20-jährigen Tätigkeit dort entstanden über 140 Lehrbücher zum Maschinenbau und angrenzender Fachgebiete für Student:innen und Fachschüler:innen.

Dr.-Ing. Stefan Einbock

studierte allgemeinen Maschinenbau an der Hochschule Esslingen und promovierte an der TU Dresden im Bereich der Betriebsfestigkeit.

Das theoretische Wissen zur Betriebsfestigkeit, Statistik und Zuverlässigkeit vermittelt er in Kooperation mit dem Verein deutscher Ingenieure (VDI) und der CADFEM GmbH als erfolgreicher Seminarleiter. Außerdem hält er regelmäßig Vorträge an Hochschulen.

Zusätzlich ist er Autor mehrerer Bücher zur Auslegung und Absicherung von Bauteilen.

Bei der Robert Bosch GmbH leitet er im Geschäftsbereich Powertrain Systems das Kompetenzzentrum zur Zuverlässigkeit von Metallen.

Thomas Zipsner, Dr.-Ing. Stefan Einbock

Industriemeister – Technische und naturwissenschaftliche Grundlagen (NTG)

Vorbereitung auf die IHK-Prüfung

Mit

49 Grafiken,

12 Tabellen und

45 Beispielen

Bibliografische Informationen der Deutschen Nationalbibliothek:

Die Deutsche Nationalbibliothek verzeichnet diese Publikation in der Deutschen Nationalbibliografie; detaillierte bibliographische Daten sind im Internet über http://dnb.d-nb.de abrufbar.

Herstellung und Verlag: BoD - Books on Demand, Norderstedt

ISBN: 9-783758-302787

INHALTSVERZEICHNIS

1 FEEDBACK WILLKOMMEN

Da dieses Buch von Ingenieuren für angehende Industriemeister geschrieben ist, möchten wir es gerne in Diskussion mit Ihnen weiterentwickeln.

Dieses Buch gefällt Ihnen? Dann freuen wir uns auf eine ehrliche Rückmeldung/einen ehrlichen Kommentar auf www.amazon.de. Dies können Sie auch machen, wenn Sie das Buch nicht über Amazon gekauft haben.

Bitte schreiben Sie in diesem Fall eine kurze Email an Thomas Zipsner thomas.zipsner@googlemail.com und als kleines Dankeschön erhalten Sie zusätzliche Aufgaben mit Lösungen

Haben Sie einen Fehler gefunden, der sich trotz größtmöglicher Sorgfalt eingeschlichen hat? Oder möchten Sie Feedback geben? Dann freuen wir uns ebenfalls über eine kurze Email. Auch hierfür bedanken wir uns in Form von Zusatzmaterial.

Fallen Ihnen weitere Themen ein, die Sie gerne in einer künftigen Auflage behandelt sehen möchten? Bitte teilen Sie einfach Ihre Themenwünsche per Email mit. Wir werden diese sammeln. Evtl. werden wir diese in meinem Blog veröffentlichen:

2 TIPPS ZUR EFFIZIENTEN EINARBEITUNG

Für viele wird die Einarbeitung in die Betriebsfestigkeit parallel zur Arbeit erfolgen. Deshalb ist es wichtig, diese so effizient wie möglich zu gestalten. Die Kapazität, welche zur Bearbeitung der Aufgaben zur Verfügung steht, kann man sich als ein leeres Glas vorstellen. Die Aufgaben kann man sich als Kugeln denken, wobei die Größe der Kugeln den Aufwand für die Aufgaben darstellt (siehe Abbildung 2-1).

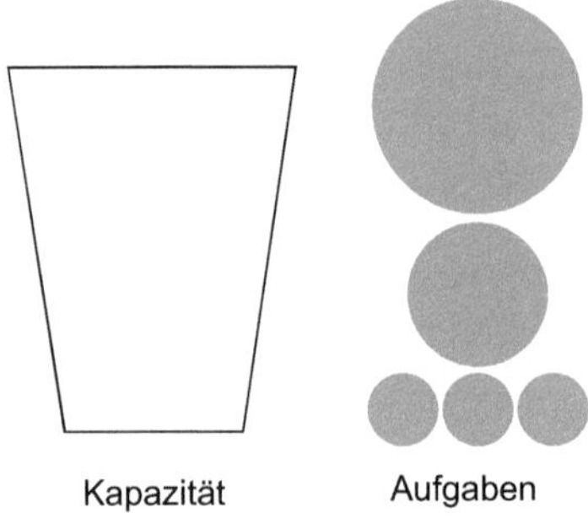

Abbildung 2-1: Kapazität vs. Aufgaben

Größtmögliche Effizienz wird erreicht, wenn möglichst viele Aufgaben innerhalb eines Tages erledigt werden können. Es ist aus Effizienzgründen sinnvoll, eine einmal begonnene Aufgabe auch abzuschließen. Es macht beispielsweise keinen Sinn, bei einer Einarbeitung immer nur eine halbe Seite des Buches zu lesen und dann am nächsten Tag weiterzumachen. Dadurch können Aufgaben nicht beliebig klein werden.

Aus Effizienzgründen ist es wichtig, die Aufgaben in der richtigen Reihenfolge zu bearbeiten (Abbildung 2-2).

Werden zuerst die vielen kleinen Aufgaben erledigt, (Variante 1 aus Abbildung 2-2), dann bleibt am Ende des Tages nicht genügend Zeit, um die großen Aufgaben zu erledigen. Beginnt man dagegen mit den großen Aufgaben zuerst und lässt sich durch die kleinen nicht ablenken, dann ist ausreichend Zeit vorhanden. Im schlimmsten Fall muss dann eine der kleineren Aufgaben auf den nächsten Tag geschoben werden.

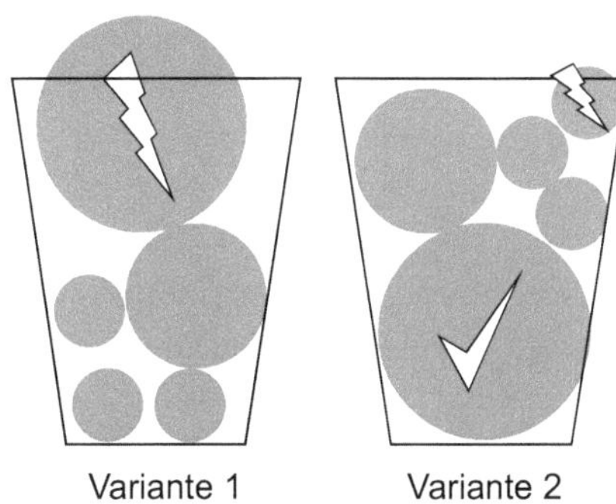

Abbildung 2-2: Einfluss der Reihenfolge bei der Aufgabenbearbeitung

Aus dieser Idee heraus ergeben sich sieben überraschend einfache Tipps, wie Sie Ihre Lerneffizienz deutlich steigern können!

- Legen Sie Ziele fest

  Setzen Sie sich konkrete Ziele, die Ihnen einen direkten Nutzen bringen. Ideal ist es, wenn Sie z. B. formulieren: „Am kommenden Wochenende bearbeite ich komplett Kapitel 6 dieses Buches." Halten Sie diese Ziele schriftlich mit einem Zieltermin fest. Dies gibt Ihnen einen Fokus und motiviert, da erreichte Ziele abgehakt werden können.

- Setzen Sie sich feste Zeiten

  Nehmen Sie sich konkrete Zeiten zum Lernen/Einarbeiten vor. Blocken Sie sich dann min. zwei Stunden und nutzen diese für die Einarbeitung. Beginnen Sie mit den schwierigsten und größten Aufgaben zuerst.

- Verstehen Sie den Gesamtzusammenhang

  Wenn Sie den Gesamtzusammenhang verstehen, hilft es Ihnen, das Gelernte in eine Struktur einzusortieren. Sie können sich dadurch besser fokussieren. Orientieren Sie sich beim Gesamtzusammenhang an der Gliederung dieses Buches. Die Lernzeit verkürzt sich und das Verständnis steigt.

- Fertigen Sie Skizzen an

  Versuchen Sie das Gelernte so einfach wie möglich in Skizzen festzuhalten. Je einfacher die Skizzen werden, umso besser haben Sie den Zusammenhang verstanden. Skizzen können auch Mind Maps sein oder kurze Skizzen, die den Zusammenhang zwischen Ursache und Wirkung über Blockschaltbilder darstellen.

- Lassen Sie sich nicht ablenken

Dies bedeutet, das Outlook geschlossen und das Telefon stumm geschaltet ist. Ideal ist es, wenn Sie im Homeoffice oder in einem abgeschlossenen Raum arbeiten können. Der Fokus auf die eine Aufgabe steigt.

- Lehren Sie

Erklären Sie Ihren Kollegen und Vorgesetzen Ihr Vorgehen und Ihre Erfahrungen. Je einfacher (und kürzer) Sie erklären und die Rückfragen Ihrer Kollegen beantworten können, umso größer ist ihr Verständnis. Das müssen Sie üben. Können Sie eine Frage nicht beantworten, zeigt dies eine Lücke auf, die Sie durch zusätzliches Studium schließen können. Sie werden merken, dass Ihr Ansehen bei Ihren Kollegen steigt. Sie erreichen schrittweise einen Expertenstatus.

- Belohnen Sie sich

Belohnen Sie sich nach erreichten Zielen. Dies können auch Kleinigkeiten sein, z. B. ein früherer Feierabend, ein Kaffee mit den Kollegen oder etwas Zeit mit der Familie. Wichtig ist, dass Sie das Gefühl haben, sich etwas Gutes zu tun. Das motiviert!

3 VORWORT

Das vorliegende Lehrbuch dient dem angehenden Industriemeister Metall oder Logistik zur effektiven Prüfungsvorbereitung. Es behandelt alle in der Prüfungsordnung angegebenen Themen kurz und prägnant. Es wird knapp die Theorie vorgestellt und diese anhand von ausgewählten Beispielen verdeutlicht. Die Lösungswege sind durchweg ausführlich und kleinschrittig angegeben. Am Anfang des Buches werden wichtige übergreifende Grundlagen wiederholt. An einigen Stellen finden sich „Warum-Fragen", welche wichtige Zusammenhänge nochmals abfragen.

4 PHYSIKALISCHE GRÖßEN UND EINHEITEN

Was ist eine physikalische Größe?

Soll ein physikalischer Zustand oder Vorgang, z. B. Wassertemperatur in einem Topf, beschrieben werden, so muss das in einer praktikablen Form geschehen. Das kann ein Messergebnis oder das Ergebnis einer Berechnung sein.

Eine physikalische Größe ist **immer** das Produkt aus einem Zahlenwert und einer Einheit, z. B.: $m = 2$ kg, $P = 12$ kW.

4.1 BASISGRÖßEN UND BASISEINHEITEN

Es wurden folgende Basisgrößen und Basiseinheiten festgelegt:

Physikalische Größe	Formelzeichen	Basiseinheit
Masse	m	Kilogramm [kg]
Länge	l	Meter [m]
Thermodynamische Temperatur	T	Kelvin [K]
Elektrische Stromstärke	I	Ampere [A]
Lichtstärke	I_v	Candela [cd]
Stoffmenge	n	Mol [mol]

4.2 ABGELEITETE GRÖßEN UND EINHEITEN

Abgeleitete Größen entstehen durch eine mathematische Verknüpfung (Formel) von Basisgrößen, z. B.: Geschwindigkeit $v = \frac{s}{t}$, also Weg durch Zeit. Die abgeleitete Einheit ist dann zum Beispiel Meter pro Sekunde.

4.3 VIELFACHE UND BRUCHTEILE VON EINHEITEN

Vielfache	Bruchteile
$10^{12} =$ Tera (T)	$10^{-12} =$ Pico (p)
$10^9 =$ Giga (G)	$10^{-9} =$ Nano (n)
$10^6 =$ Mega (M)	$10^{-6} =$ Mikro (μ)
$10^3 =$ Kilo (k)	$10^{-3} =$ Milli (m)
$10^2 =$ Hekto (h)	$10^{-2} =$ Zenti (c)
$10^1 =$ Deka (da)	$10^{-1} =$ Dezi (d)

Beispiele:

$1\,\text{TB} = 10^6\,\text{MB} = 10^{12}\,\text{Byte}$

$573.000\,\text{W} = 573\,\text{kW} = 0{,}573\,\text{MW}$

$36\,\text{km/h} = 10\,\text{m/s}$ (warum ?)

4.4 UMRECHNEN VON LÄNGEN-, FLÄCHEN- UND VOLUMENEINHEITEN

Längeneinheiten:

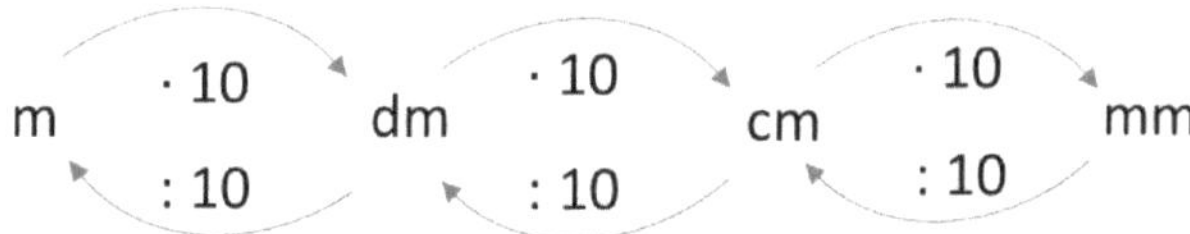

Das bedeutet: Um beispielsweise von dm auf mm umzurechnen, muss man mit $10 \cdot 10 = 100$ multiplizieren (Vorsicht: nicht $2 \cdot 10$) oder um von mm auf m zu kommen durch: $10 : 10 : 10 =: 1000$ teilen.

Flächeneinheiten:

Analog wie bei den Längeneinheiten, nur mit Faktor 100 zwischen benachbarten Einheiten.

Um z. B. von cm^2 auf dm^2 zu kommen, muss durch 100 geteilt werden, eine Umrechnung von m^2 in mm^2 erfordert eine Multiplikation mit 100 mal 100 mal 100 = 1.000.000

Volumeneinheiten:

Analog Längeneinheiten und Faktor 1000

Hinweise: 1 Liter = $1\,\text{dm}^3$;

Bei Zeiteinheiten hat man zwischen h, min und s den Faktor 60.

Oftmals müssen Formeln, die in der Formelsammlung in der Grundform stehen, z. B.:

$v = \dfrac{s}{t}$ nach der gesuchten Größe umgestellt werden. Die Einheiten helfen dabei, die Richtigkeit der umgestellten Formel zu prüfen.

Beispiel:

Die Geschwindigkeit betrage 10 m/s beträgt und der zurückgelegte Weg 30 m. Es soll die dafür benötigte Zeit berechnet werden:

Wir nehmen an, dass die Grundformel $v = \frac{s}{t}$ wie folgt umgestellt wurde:

$t = s \cdot v$, die gegebenen Größen eingesetzt, ergibt sich:

$t = 30\,\text{m} \cdot 10\,\text{m/s} = 300\,\text{m}^2/\text{s}$. Das ist aber keine Zeiteinheit. Die Umstellung muss also falsch sein. Wie lautet das richtige Ergebnis? ($t = 3$ s).

4.5 ZAHLENWERTGLEICHUNGEN

Sie dienen dazu, häufig vorkommende Rechnungen zu vereinfachen. Hier ist jedoch Vorsicht geboten, da diese Gleichungen nur für ganz bestimmte Einheiten gültig, also richtig sind. Beispielsweise findet man bei der Leistungsberechnung von Antrieben, also bei Drehbewegungen, anstelle von $P = M \cdot \omega$ die Zahlenwertgleichung:

$$P = \frac{M \cdot n}{9550}$$

Diese ist jedoch nur dann richtig, wenn das Drehmoment M in [Nm] und die Drehzahl n in [1/ min] bzw. [min^{-1}] eingesetzt werden. Die Leistung P ergibt sich dann automatisch in Kilowatt [kW]. Das gilt auch für die daraus umgestellten Formeln.

5 CHEMISCHE GRUNDLAGEN

Die Chemie beschäftigt sich mit Stoffen und deren Veränderungen bei chemischen Vorgängen, wie z. B. Korrosionsbildung. Die Stoffe können in Reinstoffe und Stoffgemische unterteilt werden. Stoffgemische können durch unterschiedliche Maßnahmen bzw. Vorgänge in seine Bestandteile (Reinstoffe) zerlegt werden.

Reinstoffe sind chemische Verbindungen (H_2O = Wasser) bzw. Elemente (H = Wasserstoff).

Auch Reinstoffe können durch geeignete Maßnahmen zerlegt werden, Elemente nicht. Chemische Verbindungen entstehen durch chemische Reaktionen. Wasserstoff reagiert mit Sauerstoff zu Wasser.

5.1 ELEMENTE

Der Chemiker Berzelius gab jedem gefundenen chemischen Element ein Symbol, das von seinem Namen abgeleitet wurde, z. B. Ag für Argentum = Silber. Mit dem Symbol werden Einzelatome des jeweiligen Elements bezeichnet.

Wichtige chemische Elemente sind beispielsweise Wasserstoff (H), Sauerstoff (O), Aluminium (Al), Schwefel (S), Eisen (Fe) und Kupfer (Cu).

5.2 ATOME

Das *Rutherford'sche* Atommodell geht von einem positiv geladenen Atomkern und einer negativ geladenen Atomhülle aus. Abbildung 5-1 zeigt das.

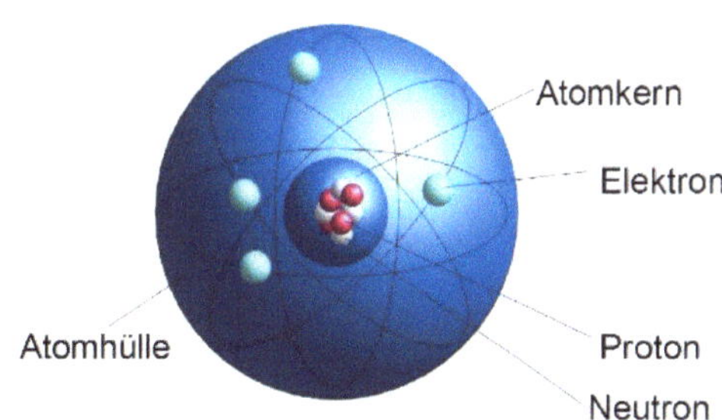

Abbildung 5-1: Rutherford'sches Atommodell [1]

Die Atomkerne besitzen positiv geladene *Protonen* und elektrisch neutrale *Neutronen*. In der Hülle befinden sich negativ geladene *Elektronen*. Protonen, Neutronen und Elektronen bezeichnet man als Elementarteilchen. Da Atome nach außen hin elektrisch neutral sind, muss die Anzahl der Protonen gleich der Anzahl der Elektronen sein. Der Atomkern ist im Vergleich zur Hülle sehr klein. Allerdings mehr als 99,9% der Masse befindet sich im Atomkern.

5.3 ATOMAUFBAU

Die Protonenzahl p ist auch die Kernladungszahl bzw. Ordnungszahl. Die Zugehörigkeit eines Atoms zu einem Element richtet sich ganz direkt nach der Protonenzahl. Das Element Kohlenstoff hat p = 6 Protonen und somit die Ordnungszahl 6.

Die Atomkerne eines Elements haben stets die gleiche Protonenzahl, können sich jedoch in der Anzahl n der Neutronen unterscheiden und werden Isotope genannt. Die Summe von p + n wird als Massenzahl bezeichnet.

Beispiel: Das häufigste Isotop beim Element Kohlenstoff ist: $^{12}_{6}C$.

5.4 DAS SCHALENMODELL

Die Modellvorstellung geht davon aus, dass die jeweiligen Energiestufen, denen die einzelnen Elektronen e^- zugeordnet sind, sich vereinfacht mit Schalen, konzentrisch um den Atomkern, beschreiben lassen. Abbildung 5-2 zeigt das Atommodell nach *Bohr*.

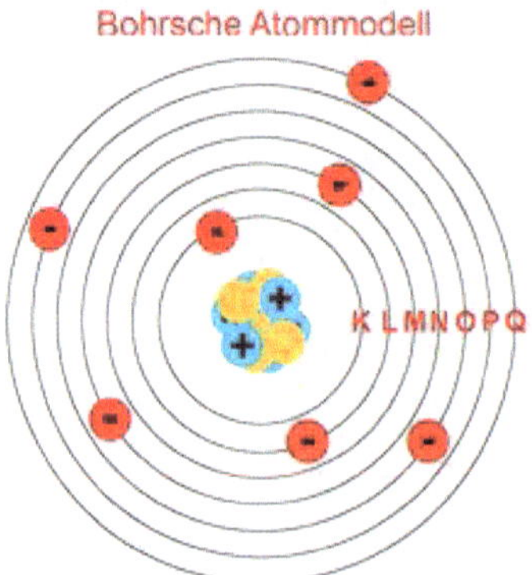

Abbildung 5-2: Bohr'sches Atommodell [2]

Um den Atomkern kreisen die Elektronen auf festen Bahnen (Schalen) und bilden die Atom- oder Elektronenhülle. Insgesamt gibt es 7 Schalen mit den Buchstaben K bis Q.

Dabei kann eine Schale maximal $2\,n^2$ Elektronen aufnehmen (n = Schalennummer). Das bedeutet:

- K-Schale n = 1 mit maximal $2 \cdot 1^2 = 2$ Elektronen
- L-Schale n = 2 mit maximal $2 \cdot 2^2 = 8$ Elektronen und
- M-Schale n = 3 mit maximal $2 \cdot 3^2 = 18$ Elektronen
- usw.

5.5 DAS PERIODENSYSTEM DER ELEMENTE

Dieses System ist tabellarisch aufgebaut und enthält alle chemischen Elemente in Zeilen geordnet nach steigender Protonenzahl. Es ist in 8 Hauptgruppen unterteilt, die Hauptgruppe gibt die Anzahl der Valenzelektronen an. Bei der Hauptgruppe 8 Edelgase sind alle Atomschalen komplett mit Elektronen besetzt, besitzen 8 Elektronen auf der äußersten Schale (Valenzelektronen) und sind reaktionsträge. Man spricht auch von Edelgaskonfiguration. Alle anderen Elemente versuchen diesen besonders günstigen energetischen Zustand zu erreichen durch Elektronenaufnahme oder -abgabe. Dagegen sind Halogene, z. B. Fluor (F) oder Chlor (Cl) sehr reaktionsfreudig und gehen gerne mit anderen Elementen Verbindungen ein.

5.6 CHEMISCHE BINDUNGEN/CHEMISCHE REAKTION

Werden zwei Atome oder mehr miteinander verbunden, so entsteht ein Molekül. Es ist das kleinste Teilchen einer chemischen Verbindung. Metallatome (Natrium/Na) geben Valenzelektronen ab und Nichtmetallatome (Chlor/Cl) nehmen solche auf. Dabei entstehen positiv geladene *Ionen*, auch Kationen genannt. Das Nichtmetallatom wird dabei negativ geladen und als *Anion* bezeichnet. Dabei läuft folgende chemische Reaktion ab:

$$Na + Cl \rightarrow Na^+Cl^- \tag{1}$$

Wird bei einer chemischen Reaktion Sauerstoff aufgenommen, spricht man von einer *Oxidation*:

$Fe + O \rightarrow FeO$ (Eisenoxid) = gefährlicher Rost (Korrosion von Stahl)
$Cu + O \rightarrow CuO$ (Kupferoxid) = nicht schädliche Patina (Schutzschicht, z. B
bei Kupfer oder Alu)

$$\tag{2}$$

$C + O_2 \rightarrow CO_2$ (Kohlenstoffdioxid) (z. B. Verbrennungsmotor)
Oxidationsvorgänge setzen Energie frei und heißen exotherm.
Die *Reduktion* ist eine chemische Reaktion, bei der ein Stoff Sauerstoff abgibt bzw. Elektronen aufnimmt. Der Stoff wird dabei von einem Reduktionsmittel (Stoff, der

Sauerstoff aufnimmt, z. B. Koks) reduziert. Reduktionsvorgänge benötigen Energie und heißen endotherm.

5.7 WASSER

Wasser H_2O besitzt besondere Eigenschaften. Zum einen die hohe Siedetemperatur von 100° Celsius sowie auch die hohe Schmelztemperatur von 0° Celsius, die sich aus den Wasserstoffbrückenbindungen erklären. Bei 4°C hat Wasser sein kleinstes Volumen und seine größte Dichte. Beim Abkühlen unter 4°C vergrößert sich sein Volumen. Daher kann es beim Kühlen in der Gefriertruhe von beispielsweise Flaschenbier zum Platzen der Glasflasche kommen.

5.7.1 WASSERHÄRTE

Die Menge und Konzentration von Mineralstoffen (Calcium- und Magnesiumsalze) sind für die Härte des Wassers maßgebend. Da diese regional schwankt, ist auch die Wasserhärte unterschiedlich. Sie wird in Millimol je Liter definiert. Je mehr Kalzium und Magnesium das Wasser enthält, desto härter ist es.

Tabelle 5-1 Härtebereiche von Wasser

Konzentration Calciumcarbonat $\frac{mmol}{l}$	Härtebereich
< 1,5	weich
1,5 bis 2,5	mittel
2,5	hart

Wasser kann in Verbindung mit Eisen zu Korrosion führen. Daher müssen entsprechende Korrosionsschutzmaßnahmen durchgeführt werden:

- Beschichtung mit beständigen Überzügen, z. B. Email
- Korrosionsschutzgerechte Konstruktion, also keine geschlossenen Ecken für Wasseransammlung
- Chemische Oberflächenbehandlung, z. B. Chromatieren oder Verzinken
- Werkstoffauswahl, z. B. Aluminium.

5.8 SÄUREN UND BASEN (LAUGEN)

Säuren zerfallen in wässriger Lösung und geben H^+-Ionen ab, die den sauren Charakter hervorrufen. Basen zerfallen ebenfalls in wässriger Lösung und geben dabei OH^--Ionen ab, die die basische Wirkung hervorrufen. Der pH-Wert ist eine Maßzahl für die Stärke von Säuren bzw. Basen und misst die Konzentration an H^+- und OH^--

Ionen. Er kann mit Lackmuspapier als Indikator angezeigt werden. Färbt dieser sich blau, liegt eine Base vor. Als neutral gilt ein pH-Wert von 7. Abbildung 5-3 zeigt eine pH-Skala.

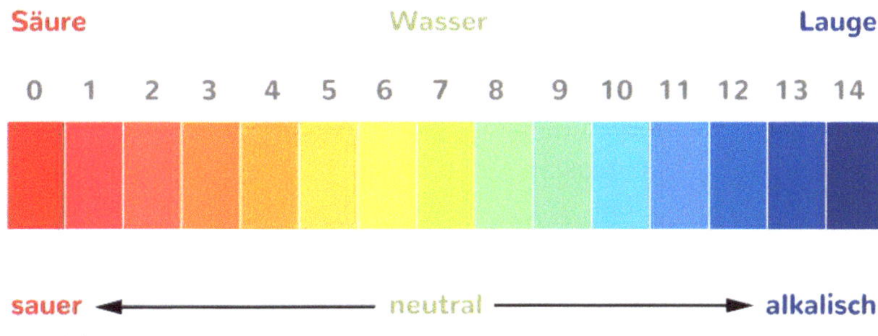

Abbildung 5-3: pH-Skala

Tabelle 5-2 stellt wichtige Säuren und Basen dar.

Tabelle 5-2: Säuren und Basen (Auswahl)

Säure	pK_S	Base	pK_B
Perchlorsäure: $HClO_4$	$\approx$ -9	Perchlorat: ClO_4^-	$\approx$ 23
Salzsäure: HCl	$\approx$ -3	Chlorid-Ion: Cl^-	$\approx$ 17
Schwefelsäure: H_2SO_4	$\approx$ -3	Hydrogensulfat: HSO_4^-	$\approx$ 17
Oxonium-Ionen: H_3O^+	-1,74	Wasser: H_2O	15,74
Salpetersäure: HNO_3	-1,32	Nitrat: NO_3^-	15,32
Schweflige Säure: H_2SO_3	1,96	Hydrogensulfit: HSO_3^-	12,04
Phosphorsäure: H_3PO_4	1,96	Dihydrogenphosphat: $H_2PO_4^-$	12,04
Flusssäure: HF	3,14	Fluorid-Ion: F^-	10,86
Kohlensäure: H_2CO_3	6,52	Hydrogencarbonat: HCO_3^-	7,48
Schwefelwasserstoff: H_2S	6,9	Hydrogensulfid: HS^-	7,1
Wasser: H_2O	15,74	Hydroxid-Ion: OH^-	-1,74

Erhöhte Vorsicht ist bei Zugabe von Wasser geboten. Im Umgang mit Säuren und Basen sind die Unfallverhütungsvorschriften zu beachten. Auch Reste bzw. Abfälle müssen zunächst neutralisiert und dann in besonderen Behältern fachgerecht entsorgt werden.

5.9 ELEKTROCHEMISCHE SPANNUNGSREIHE

Abbildung 5-4 zeigt einen Ausschnitt dieser Spannungsreihe.

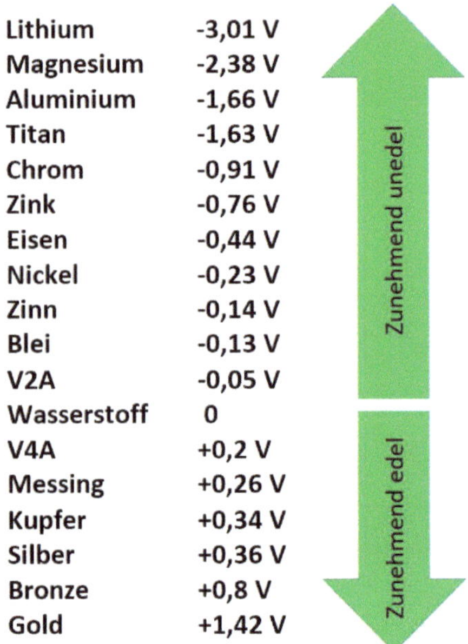

Abbildung 5-4: Elektrochemische Spannungsreihe; Quelle: wikipedia

Kommen zwei unterschiedliche Metalle miteinander in Verbindung + H_2O wird das unedlere Metall (negativer Pol) zerstört. Liegt beispielsweise ein Zinknagel in einer Kupferdachrinne wird der Zinknagel mit der Zeit zerstört.

Die vorliegende Spannung bei einer Zink-Eisen-Kombination beträgt:

Beispiel:

$$\Delta U = -0,76V - (-0,44V) = -0,76V + 0,44V = -0,32V$$

Übung: Was passiert jeweils, wenn eine Stahlplatte einmal eine Zinkschutzschicht und einmal eine Nickelschutzschicht besitzt und in beiden Fällen durch einen Haarriss Feuchtigkeit eindringen kann.

Der kathodische Korrosionsschutz arbeitet mit einer sogenannten Opferanode, die mit bewusst unedlen Metallen ausgeführt wird, damit diese dann zerstört wird, z. B. Magnesiumanode im Warmwasserspeicher.

6 PHYSIKALISCHE GRUNDLAGEN

6.1 WÄRMELEHRE

Die Wärmelehre beschäftigt sich u.a. mit der Temperatur von Körpern, der Zufuhr und Abgabe von Wärme und den damit verbundenen Temperatur-, Druck- und Volumenänderungen sowie den Aggregatszuständen und deren Änderung. Eine technische Anwendung sind Wärmekraftmaschinen wie beispielsweise Verbrennungsmotoren und Turbinen.

Ein zentraler Begriff dabei ist die Temperatur. Diese besitz als Standardeinheit Kelvin = [K] und das dazugehörige Formelzeichen T. Sehr gebräuchlich in Europa ist auch die Einheit Grad Celsius [°C] mit dem Formelzeichen t oder δ.

Die beiden Skalen haben einen unterschiedlichen Nullpunkt. Man kann die beiden Skalen ineinander umrechnen. Es gilt: 0 K = − 273,15 °C oder 0°C = 273,15 K.

Tabelle 6-1: Beispiele zur Umrechnung von °C in K

Temperatur in °C	Temperatur in K
25	298,15
5	278,15
$\Delta\delta = 20°C$	$\Delta T = 20K$

Das Beispiel zeigt, dass bei Temperaturunterschieden die Angabe in [°C) bzw. in [K] identisch ist.

Weitere Temperaturskalen sind die Fahrenheit- und Reaumur-Skala.

Die Messung von Temperaturen geschieht durch Thermometer und basiert auf unterschiedlichen Prinzipien, z. B:

Bimetallthermometer sind <u>Thermometer</u>, die auf der unterschiedlichen <u>Wärmeausdehnung</u> zweier fest miteinander verbundener Metallstreifen (Bimetall) funktionieren. Bei einer <u>Temperaturänderung</u> sich die beiden Metalle unterschiedlich stark aus und bewirken damit eine Krümmung des Bimetalls und führen zu einem Zeigerausschlag.

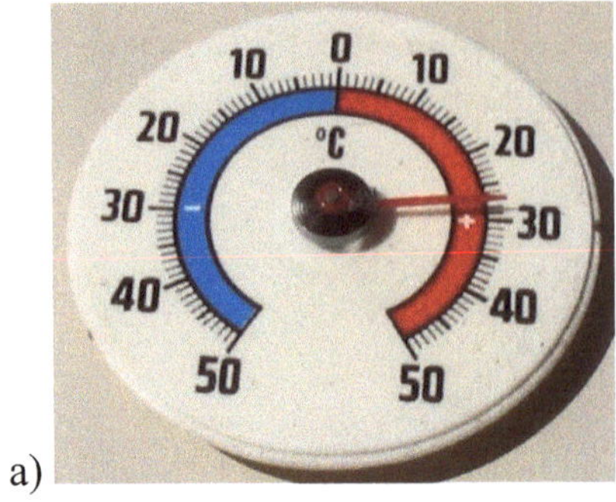

a)

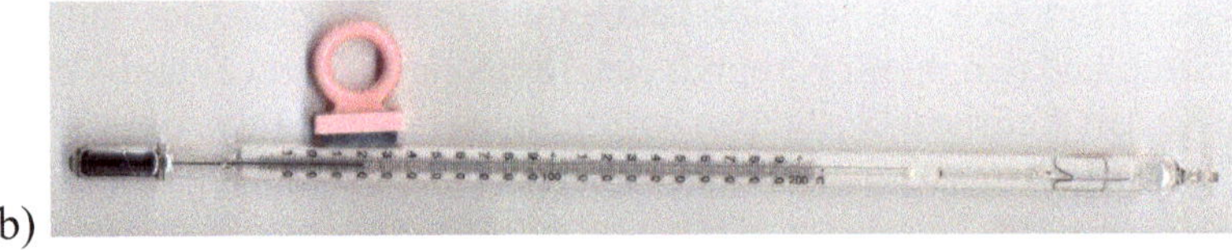

b)

Abbildung 6-1: Thermometerarten: a) Bimetall; b) Flüssigkeitsthermometer

Das Flüssigkeitsthermometer nutzt als Messprinzip eine Volumenänderung, Atome bzw. Moleküle beginnen bei Erwärmung zu schwingen und entfernen sich nach einem Aufprall miteinander immer weiter voneinander und beanspruchen somit mehr Volumen. Die Flüssigkeit dehnt sich aus. Abbildung 6-2 zeigt ein digitales Thermometer.

Abbildung 6-2: Beispiel eines digitalen Thermometers

6.2 WÄRMEAUSDEHNUNG

6.2.1 LÄNGENÄNDERUNG

Körper dehnen sich bei Erwärmung in allen 3 Richtungen aus. Die Längenänderung muss bei vielen technischen Anwendungen berücksichtigt werden, um Fehlfunktionen oder gar Zerstörung des Bauteils zu vermeiden, z. B. Längenzunahme einer Brücke im Sommer. Diese lässt sich bequem im cm-Bereich angeben.

Der Längenausdehnungskoeffizient α_l ist ein Werkstoffkennwert und gibt die Längenänderung eines 1m langen Stabes bei einer Temperaturerhöhung von 1K an.

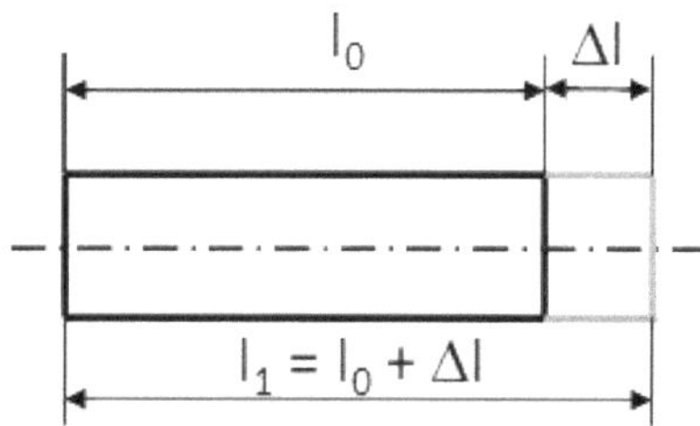

Abbildung 6-3: Längenzunahme bei Erwärmung

Mit dessen Angabe lässt sich die Längenzunahme berechnen:

$$\Delta l = \alpha_l \cdot l_0 \cdot \Delta T \qquad (3)$$

mit α_l materialabhängiger Längenausdehnungskoeffizient in $\frac{1}{K} = K^{-1}$

l_0 Ausgangs- oder Anfangslänge in mm
ΔT Temperaturdifferenz in K oder in °C

Beispiel:

Eine 300 m lange Stahlbetonbrücke wird auf eine Temperaturschwankung von 70°C ausgelegt. Welche Längenzunahme müssen die vorhandenen Dehnungsfugen aufnehmen? (Hinweis: $\alpha_l = 12 \cdot 10^{-6} \ K^{-1}$)

Lösung:

$$\Delta l = \alpha_l \cdot l_0 \cdot \Delta T = 12 \cdot 10^{-6} \ K^{-1} \cdot 300000 mm \cdot 70K = 252 mm = 25{,}2 cm$$

Frage: Wie müsste man die Formel umstellen, wenn in einer Aufgabe nach der Temperaturdifferenz gefragt ist?

Sollen Volumenänderungen von Körpern oder Flüssigkeiten betrachtet und berechnet werden, so wird in Glg. 2.1 α_l lediglich durch α_v ersetzt mit $\alpha_v = 3 \cdot \alpha_l$. Dabei ist die Wärmeausdehung von Flüssigkeiten größer als bei festen Körpern. Werte für α_l und α_v, z. B. in Böge/Physik für technische Berufe.

6.2.2 Spezifische Wärmekapazität und Wärmemenge

Die spezifische Wärmekapazität c ist eine Stoffkonstante und gibt die Wärme an, die notwendig ist, um 1kg eines Stoffes um 1K zu erhöhen. Sie hat die physikalische Einheit beispielsweise $\frac{J}{kg \cdot K}$.

Tabelle 6-2: Spezifische Wärmekapazität c (Auswahl):

Feste Stoffe	
Stoff	**Mittlere spezif. Wärmekapazität $\frac{kJ}{kg \cdot K}$**
Aluminium	0,92
Eichenholz	2,39
Eis	2,05
Kupfer	0,39
Stahl, unlegiert	0,49
Flüssige Stoffe	
Benzin	2,02
Maschinenöl	1,68
Wasser, destilliert	4,18

Gasförmige Stoffe haben zwei verschiedene spezifische Wärmekapazitäten. Wird Gas bei konstantem Volumen (arretierter Kolben) erwärmt, so wird die zugeführte Wärmeenergie allein zur Druck- und Temperaturerhöhung verwendet. In diesem Fall (V = const.) ist mit der spezifischen Wärme c_v zu rechnen.

Löst man die Sperre des Kolbens, kann sich das Gas bei Temperaturerhöhung frei ausdehnen. Jetzt erhöht sich die Temperatur und das Volumen, der Druck p bleibt konstant (p = const.). In diesem Fall ist mit der spezifischen Wärmekapazität c_p zu rechnen.

Tabelle 3.3 Spezifische Wärmekapazität von Gasen (Auswahl)

Gasförmige Stoffe		
Stoff	**Spezif. Wärmekapazität bei 0°C und 1,013 bar**	
	c_p in $\frac{kJ}{kg \cdot K}$	c_v in $\frac{kJ}{kg \cdot K}$
Kohlendioxid	0,71	0,52
Luft	1,005	0,718
Sauerstoff	0,913	0,653
Wasserstoff	14,24	10,11

In der Praxis ist meist diejenige Wärmemenge Q gesucht, die man für eine bestimmte Temperaturdifferenz benötigt, um z. B: einen Stoff bis zur Schmelztemperatur zu erwärmen.

Sie errechnet sich mit:

$$Q = m \cdot c \cdot (\delta_2 - \delta_1) = m \cdot c \cdot \Delta T \tag{4}$$

Mit

m - Masse in kg

c – spezifische Wärmekapazität in $\frac{\text{J}}{\text{kg·K}}$

ΔT – Temperaturdifferenz in K

Die Einheit der Wärmemenge Q ist nach Glg. 2.2 [J] = [Nm] = [Ws]. Auch die Einheit der mechanischen und elektrischen Energie ist[J].

6.2.3 MISCHUNGSREGEL

Man bringt zwei Körper Index 1 und 2 unterschiedlicher Temperatur ($T_2 > T_1$) in einem Gefäß zum Wärmeaustausch miteinander in Verbindung. Es soll kein Wärmeaustausch mit der Umgebung stattfinden.

Dann muss die vom kälteren Körper aufgenommene Wärme ΔQ_1 gleich der vom wärmeren Körper abgegebenen Wärme ΔQ_2 sein. Also:

$$\Delta Q_1 = \Delta Q_2 \tag{5}$$
$$m_1 \cdot c_1 \cdot (T_m - T_1) = m_2 \cdot c_2 \cdot (T_2 - T_m)$$

Hieraus lässt sich dann die Mischungstemperatur δ_m berechnen. Nach elementarer Umformung erhält man:

$$T_m = \frac{m_1 \cdot c_1 \cdot T_1 + m_2 \cdot c_2 \cdot T_2}{m_1 \cdot c_1 + m_2 \cdot c_2} \tag{6}$$

Sind die beiden Wärmekapazitäten gleich, beispielsweise wenn kälteres Wasser mit wärmerem Wasser gemischt wird, vereinfacht sich Glg. 2.2 zu:

$$T_m = \frac{m_1 \cdot T_1 + m_2 \cdot T_2}{m_{ges}} \tag{7}$$

mit $m_{ges} = m_1 + m_2$

6.2.4 AGGREGATSZUSTÄNDE

Dabei unterscheidet man fest, flüssig und gasförmig. Am **Beispiel** von Wasser wollen wir den Temperaturverlauf betrachten und die benötigten Wärmemengen berechnen, um 2kg Eis von $-4°C$ vollständig bei $100°C$ zu verdampfen.

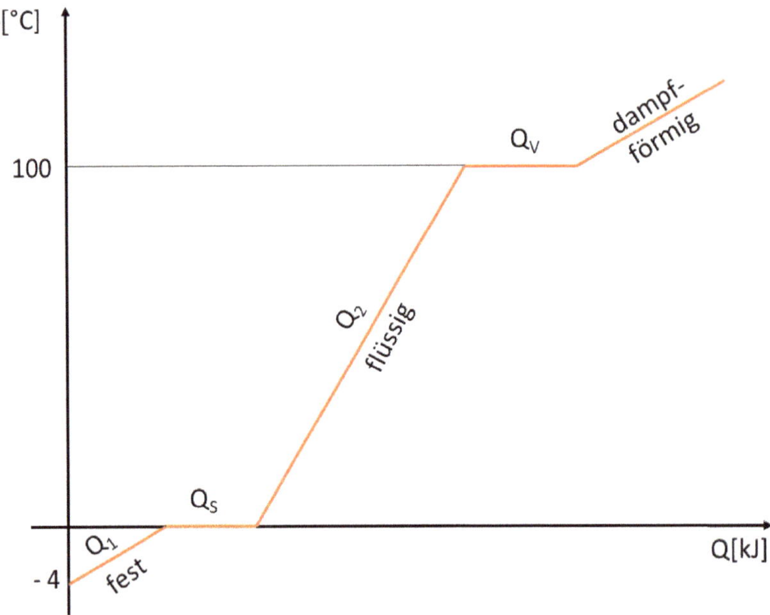

Abbildung 6-4: Q-ϑ-Diagramm am Beispiel von H_2O bei Normbedingungen

Zunächst muss das Eis von -4°C auf 0°C erwärmt werden. Dazu ist erforderlich:

$$Q_1 = m \cdot c_{Eis} \cdot \Delta T_1 = 2\text{kg} \cdot 2{,}05 \frac{\text{kJ}}{\text{KgK}} \cdot 4\text{K} = 16{,}4\text{kJ} \tag{8}$$

Jetzt muss das Eis von 0°C zu Wasser von 0°C umgewandelt werden. Hierzu ist die sogenannte spezifische Schmelzwärme erforderlich, $q_S = 333{,}7 \frac{\text{kJ}}{\text{kg}}$.

$$Q_S = m \cdot q_S = 2\text{kg} \cdot 333{,}7 \frac{\text{kJ}}{\text{kg}} = 667{,}4\text{kJ} \tag{9}$$

Nun wird das Wasser von 0°C auf 100°C erwärmt. Dazu ist erforderlich:

$$Q_2 = m \cdot c_{EWasser} \cdot \Delta T_2 = 2\text{kg} \cdot 4{,}18\frac{\text{kJ}}{\text{KgK}} \cdot 100\text{K} = 836\text{kJ} \qquad (10)$$

Im letzten Schritt wird das Wasser von 100°C verdampft bei gleicher Temperatur. Hierzu ist die sogenannte spezifische Verdampfungswärme erforderlich, $q_V = 2256\,\frac{\text{kJ}}{\text{kg}}$.

$$Q_V = m \cdot q_v = 2\text{kg} \cdot 2256\frac{\text{kJ}}{\text{kg}} = 4512\text{kJ} \qquad (11)$$

$$\sum Q = Q_1 + Q_s + Q_2 + Q_v = 6.031{,}8\text{kJ}$$

6.3 GASGESETZE IDEALES GAS

Gase reagieren bei Druck-, Volumen- und Temperaturänderungen. Sie sind im Gegensatz zu Flüssigkeiten kompressibel. Beim idealen Gas hängen diese 3 Zustandsgrößen wie folgt zusammen:

$$\frac{p_1 \cdot V_1}{T_1} = \frac{p_2 \cdot V_2}{T_2}$$

Luft wird dabei als ideales Gas betrachtet. Abbildung 6-5zeigt eine Zustandsänderung des Volumens von V_1 auf das kleinere Volumen V_2. Dabei erhöht sich der Druck und die Temperatur.

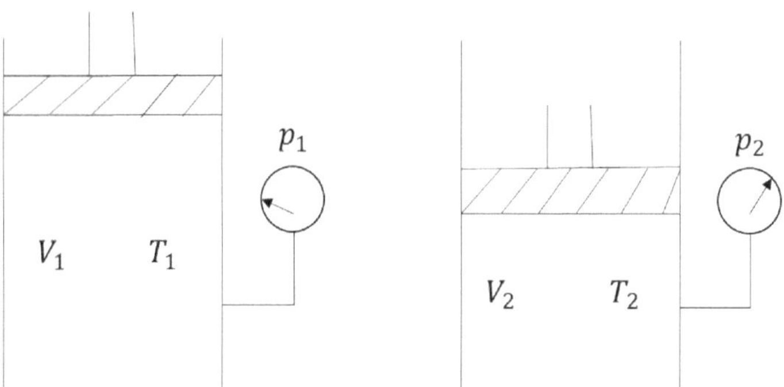

Abbildung 6-5: Zustandsänderung eines idealen Gases

Eine Zustandsänderung, bei der die Temperatur konstant bleibt, heißt isotherme Zustandsänderung. Abbildung 6-6zeigt diese in einem p-V-Diagramm. Es wird auch Boyle-Mariotte-Gesetz genannt und lautet:

$$p_1 \cdot V_1 = p_2 \cdot V_2; \; T = \text{const.}$$

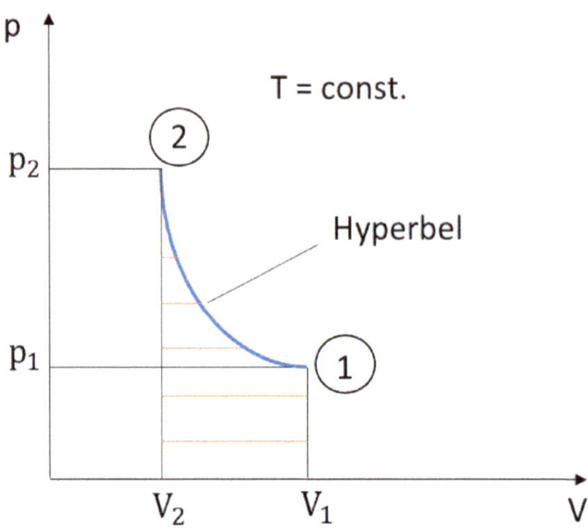

Abbildung 6-6: Isotherme Zustandsänderung, p-V-Diagramm

Daneben gibt es noch isochore Zustandsänderungen (bei V = const.) sowie isobare Zustandsänderungen (bei p = const.)

7 BEWEGUNGEN FESTER KÖRPER

Grundsätzlich unterscheidet man geradlinige (translatorische) Bewegungen, z.B. ein Körper gleitet auf einer schiefen Ebene herab, und kreisförmige (rotatorische) Bewegungen, z. B. die Arbeitsspindel einer Drehmaschine im Betrieb. Die Bewegungen können gleichförmig oder gleichmäßig beschleunigt sein. Grundlegende Begriffe sind dabei:

- Wegabschnitte Δs
- Zeitabschnitte Δt
- Geschwindigkeiten v und
- Beschleunigungen a.

7.1 GLEICHFÖRMIG GERADLINIGE BEWEGUNG

Die Geschwindigkeit eines Körpers ist der Quotient aus dem Wegabschnitt und dem dazugehörigen Zeitabschnitt

$$v = \frac{\Delta s}{\Delta t} = \frac{s}{t}$$

mit
s zurückgelegter Weg in m
t benötigte Zeit in s
v Geschwindigkeit in m/s

In einem Weg-Zeit-Diagramm erhält man für die Geschwindigkeit Geraden

Hinweis: Bei Transportvorgängen und Vorschubgeschwindigkeiten wird meist die Einheit m/min für die Geschwindigkeit verwendet.

Übung: Wie schnell in m/min läuft ein Transportband mit $v = 3{,}6$km/h? ($v = 60$m/min).

7.2 GLEICHFÖRMIG ROTATORISCHE BEWEGUNG

Eine rotierende Schleifscheibe mit einer Drehzahl n ist ein Beispiel dafür:

$$v = \pi \cdot d \cdot n = r \cdot \omega = r \cdot 2\pi \cdot n$$

mit d Durchmesser, ω Winkelgeschwindigkeit in s^{-1}

v wird auch als Umfangs- oder Schnittgeschwindigkeit bezeichnet, z. B. beim Drehen.

Beispiel („Einholen"):

Auf zwei parallel laufenden Transportbändern werden Pakete transportiert. Das erste Band läuft mit einer Geschwindigkeit von 22m/min, das zweite mit 28m/min. 30 Sekunden, nachdem auf das 1, Band ein Paket gelegt wurde, wird ein Paket auf das 2. Band gelegt.

Nach welcher Zeit hat das 2. Paket das erste eingeholt und welchen Weg haben **beide** zurückgelegt?

Lösung:

Das folgende Bild veranschaulicht den Sachverhalt.

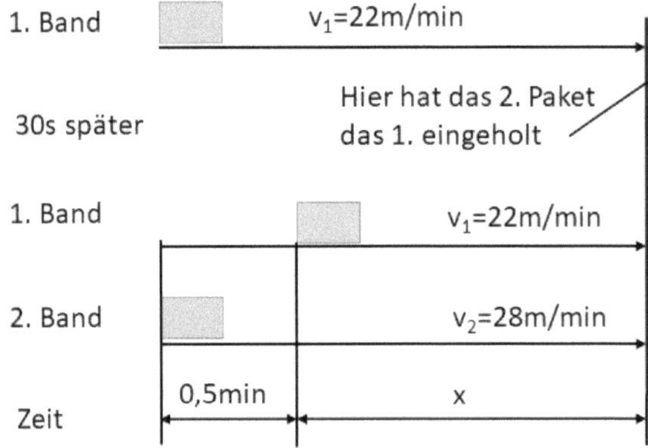

Ganz unten ist die Zeit aufgetragen. Die Zeit, die das 2. Paket benötigt, wird mit x bezeichnet. An der Stelle, bei der das 2. Paket das 1. vollständig eingeholt hat, gilt:

$$s_1 = s_2$$

$$v_1 \cdot (0{,}5 + x) = v_2 \cdot x$$

$$22 \cdot (0{,}5 + x) = 28 \cdot x$$

$$11 + 22 \cdot x = 28 \cdot x$$

$$6 \cdot x = 11$$

$$x = \frac{11}{6} = 1{,}83 \text{min}$$

Da der zurückgelegte Weg für beide Pakete gleich ist, kann dieser mit v_1 oder v_2 berechnet werden.

$$s = v_2 \cdot x = 28\,\frac{\text{m}}{\text{min}} \cdot 1{,}83\,\text{min} = 51{,}3\,\text{m}$$

Aufgabe: Eine grün markierte Schleifscheibe ($v_{\text{max}} = 100\,\text{m/s}$) mit 25cm Durchmesser wird mit einer Drehzahl von 8000 min^{-1} betrieben. Ist das theoretisch zulässig? (Nein, $n_{\text{max}} = 7640$ min^{-1})

7.3 GLEICHMÄßIG BESCHLEUNIGTE BEWEGUNG

Die nachstehenden Formeln gelten sowohl für den Fall einer Bewegung aus dem Stillstand sowie bei einer Bewegung bis zum Stillstand. Also in beiden Fällen gilt: $v_0 = 0$. Es gelten die folgenden Formeln:

$$a = \frac{v}{t} = \frac{v^2}{2 \cdot s}$$

oder:

$$v = \frac{2 \cdot s}{t} = \sqrt{2 \cdot a \cdot s}$$

oder:

$$s = \frac{1}{2} \cdot a \cdot t^2 = \frac{1}{2} \cdot v \cdot t$$

Aufgabe: Ein Tesla erzielt anfangs eine Beschleunigung von 10,5 m/s^2. Wie lange benötigt er, um 100km/h zu erreichen? ($t = 2{,}65$s).

Übung: Wie lautet die Umstellung der 3 obenstehenden Formel nach t?

7.4 GLEICHMÄßIG BESCHLEUNIGTE BEWEGUNG MIT ANFANGSGESCHWINDIGKEIT BZW. MIT ENDGESCHWINDIGKEIT

In beiden Fällen ist $v_0 \neq 0$

Die Abbildung 7-1 zeigt den grafischen Zusammenhang.

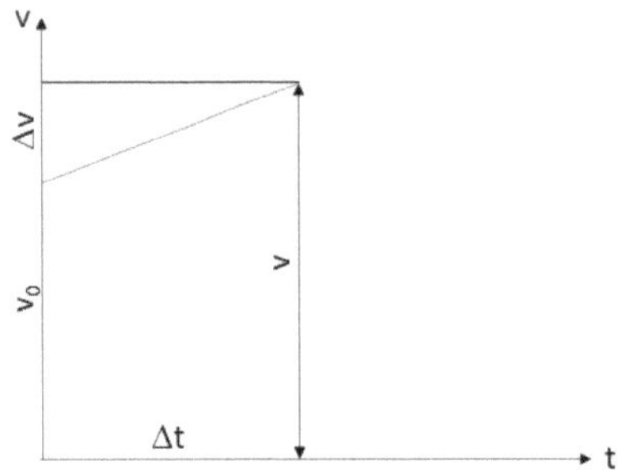 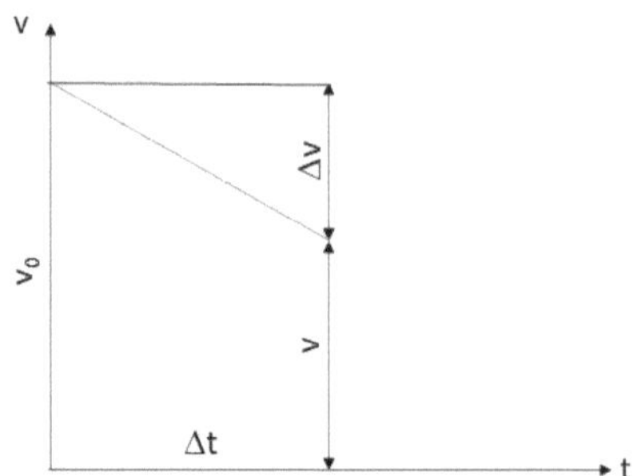

Abbildung 7-1: Gleichmäßig beschleunigte Bewegung; links: mit Anfangsgeschwindigkeit v_0; rechts: mit Endgeschwindigkeit v

Im linken Bild von Abbildung 7-1 ist die v-Linie eine steigende Gerade mit:

$$v = v_0 + a \cdot \Delta t; \quad v \text{ - Endgeschwindigkeit}$$

Der zurückgelegte Weg berechnet sich zu:

$$s = \frac{v + v_0}{2} \cdot \Delta t \text{ bzw.}$$

$$s = v_0 \cdot \Delta t + \frac{a}{2} \cdot \Delta t^2 = v \cdot \Delta t - \frac{a}{2} \cdot \Delta t^2$$

Beachte In der Formel ist einmal v_0 und einmal v einzusetzen.

8 KRÄFTE

Eine Kraft F ist eine physikalische vektorielle Größe, die durch ihren Betrag, Richtung und Orientierung eindeutig festgelegt ist. Sie ist die Ursache jeder Bewegungs- und/oder Formänderung eines Körpers. Normalerweise tragen vektorielle Größen einen Pfeil über dem Formelbuchstaben. Darauf verzichten wir.

Die Gewichtskraft F_G eines Körpers auf der Erde wirkt immer zum Erdmittelpunkt und berechnet sich mit:

$$F_G = m \cdot g \text{ mit } g = 9{,}81\,\text{m/s}^2; m \text{ Masse in kg}$$

Die Einheit ist $[N] = [\text{kg·m·s}^{-2}]$.

8.1 KRÄFTEADDITION

Wirken 2 oder mehr Kräfte auf derselben Wirklinie in dieselbe Richtung, so können diese zeichnerisch zusammengefasst bzw. arithmetisch addiert werden. Entgegengesetzt wirkende Kräfte werden zeichnerisch abgezogen bzw. arithmetisch subtrahiert, siehe auch Abbildung 8-1.

Abbildung 8-1 Kräfteaddition 1

F_R ist die resultierende Kraft. Greifen 2 oder mehr Kräfte unter einem Winkel an, so müssen diese zeichnerisch zu einer Resultierenden zusammengefasst werden. Die Resultierende ergibt dann die Diagonale des Parallelogramms.

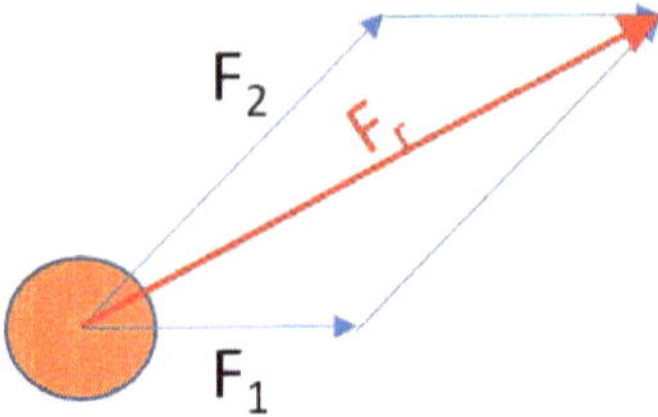

Abbildung 8-2: Kräfteaddition 2

Damit Kräfte auch berechnet werden können, legt man diese in ein rechtwinkliges x-y-Koordinatensystem. Über die Winkelfunktionen lassen sich dann die x- und y-Komponenten arithmetisch berechnen. Grundsätzlich kann man jede beliebig gerichtete Kraft in zwei aufeinander senkrecht stehende Komponenten zerlegen, siehe auch Abbildung 8-3.

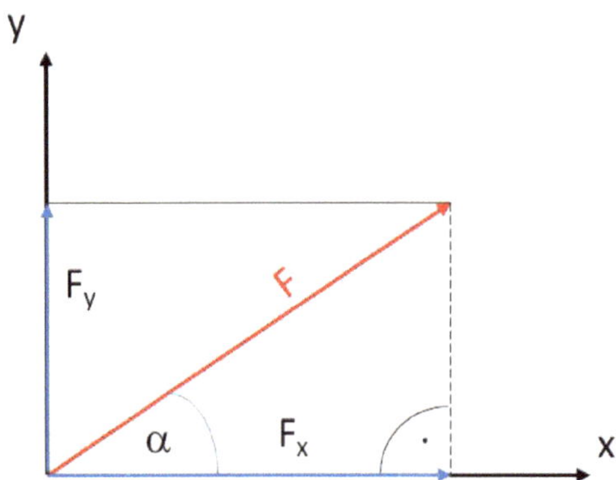

Abbildung 8-3: Kräftezerlegung

Mit Hilfe der Winkelfunktionen findet man:

$$F_x = F \cdot \cos \alpha \text{ und}$$

$$F_y = F \cdot \sin \alpha$$

Frage: Wie sind Sinus und Kosinus im Dreieck allgemein definiert? Ist das Dreieck beliebig?

Antwort: im rechtwinkligen Dreieck ist der

$$\text{Sinus} = \frac{\text{Gegenkathete}}{\text{Hypothenuse}} \text{ und der Cosinus} = \frac{\text{Ankathete}}{\text{Hypothenuse}}.$$

Mit Hilfe des Satzes von Pythagoras gilt:

$$F = \sqrt{F_x^2 + F_y^2}$$

Bei der schiefen Ebene ist das der Fall, die den Kraftaufwand zur Höhenveränderung einer Masse verringert. Beispiele sind Rollstuhlrampen oder der Gewindegang einer Schraube.

Grundsätzlich ist dabei zu unterscheiden, ob der Körper auf der schiefen Ebene mit v = konst. nach oben gezogen wird (F_Z) oder ruht. Im 1. Fall muss zusätzlich noch die Reibungskraft (F_R) berücksichtigt werden, da diese ja überwunden werden muss, siehe auch Abbildung 8-4.

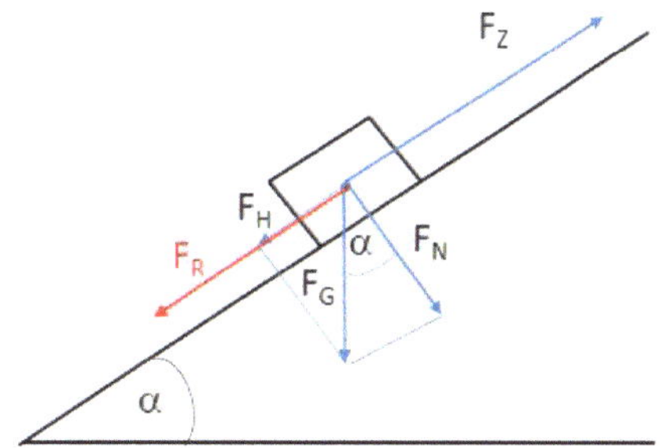

Abbildung 8-4 Kräftezerlegung und wirkende Kräfte an der schiefen Ebene

Die Reibungskraft F_R wirkt dabei immer entgegen der Bewegungsrichtung. Hier muss der Text in der Aufgabenstellung genau analysiert werden. Ist der Winkel α nicht gegeben, muss dieser zunächst über die Tangensfunktion errechnet werden.

8.2 FLIEH- ODER ZENTRIFUGALKRAFT

Bewegt sich ein Körper auf einer Kreisbahn, so wirkt permanent eine Kraft nach außen, die Zentrifugalkraft. Sie berechnet sich mit:

$$F_Z = m \cdot r \cdot \omega^2 = \frac{m \cdot v^2}{r}$$

Beispiel:

Ein PKW-Reifen 225/45 R17 hat eine Masse von 12 kg und eine Unwucht, die 0,8 cm vom Schwerpunkt entfernt liegt. Wie groß ist die Zentrifugalkraft bei 1140 min[-1]?

Lösung:

$$\omega = 2 \cdot \pi \cdot n = 38 \cdot \pi = 119{,}4 \, s^{-1}$$

$$F_z = 12 \cdot 0{,}008 \cdot (119{,}4^2) \approx 1370N$$

Fährt ein PKW mit konstanter Geschwindigkeit durch eine Kurve wirkt eine Flieh-kraft (F_Z), die das Fahrzeug radial nach außen drückt. Auf seiner Bahn wird es durch die Reibungskraft (F_R) gehalten, die zwischen den Reifen und der Fahrbahn wirkt. Im Grenzbereich sind diese gleich groß und es gilt

$$F_Z = F_R \text{ und daraus:}$$

$$r \cdot \omega^2 = \frac{v^2}{r} = \mu \cdot g;$$

mit µ – Gleitreibungszahl

Beispiel:

Ein PKW fährt auf eisglatter Fahrbahn ($\mu = 0{,}1$)durch eine Kurve mit einem Radius von 50m. Bei welcher Geschwindigkeit gerät er ins Rutschen?

Lösung:

$$v = \sqrt{\mu \cdot r \cdot g} = 25{,}2 \, \frac{km}{h}$$

Bemerkung: Federn können sich elastisch verformen und damit Energie speichern. Eine wichtige Größe dabei ist die Federkonstante oder Federrate R. Sie ist diejenige Kraft, die erforderlich ist, um die Feder um 1mm zu verlängern oder zu verkürzen.

$$R = \frac{F}{\Delta s} \text{ mit } \Delta s \text{ - Federweg}$$

8.3 DREHMOMENT

Beim Anziehen einer Schraube wird auf den Schraubenkopf ein Drehmoment ausge-übt, das sich aus dem Produkt der Handkraft und der Hebellänge berechnet. Allgemein gilt:

$$M = F \cdot l$$

Wichtig dabei ist, dass die Kraft F **senkrecht** auf den Hebelarm wirkt. Es gibt links- und rechtsdrehende Momente, je nachdem, wohin der gedachte Drehpunkt im System gelegt wird. Beim Winkelhebel, Abbildung 8-5, liegt man den Drehpunkt sinnvoller-weise zwischen die beiden Einzelhebel.

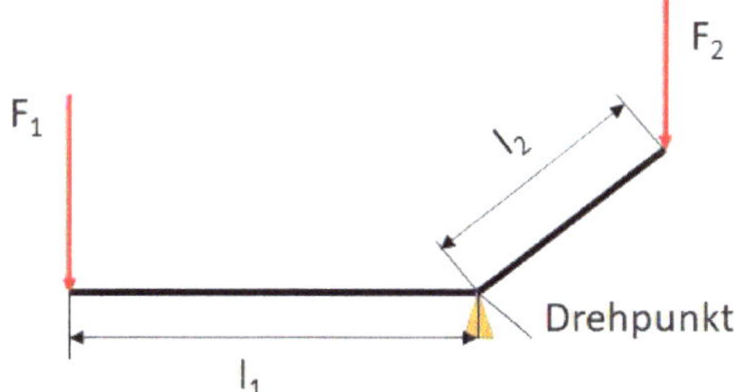

Abbildung 8-5 Winkelhebel $F_1 \cdot l_1$ linksdrehendes $F_2 \cdot l_2$ rechtsdrehendes Moment

Hinweis: Je nach Aufgabenstellung muss eventuell noch der senkrecht auf l_2 stehende Kraftanteil berechnet werden.

8.3.1 STANDSICHERHEIT

Ein Anwendungsfall ist der Begriff der Standsicherheit. Abbildung 8-6 veranschaulicht das.

Die Kiste ist am Punkt A blockiert, so dass sie nicht rutschen kann. Die Kraft F erzeugt ein Drehmoment bezüglich A. Wenn dieses „Kippmoment" größer ist als das durch die Gewichtskraft erzeugte „Standmoment" kippt der Körper um den Punkt A. Der Grenzfall ist erreicht, wenn beide Drehmoment gleich groß sind, also gilt:

$$M_K = F \cdot l_1 = F_G \cdot l_G = M_S$$

Der Quotient

$$S = \frac{M_S}{M_K}$$

wird Standsicherheit genannt und muss immer > 1 sein.

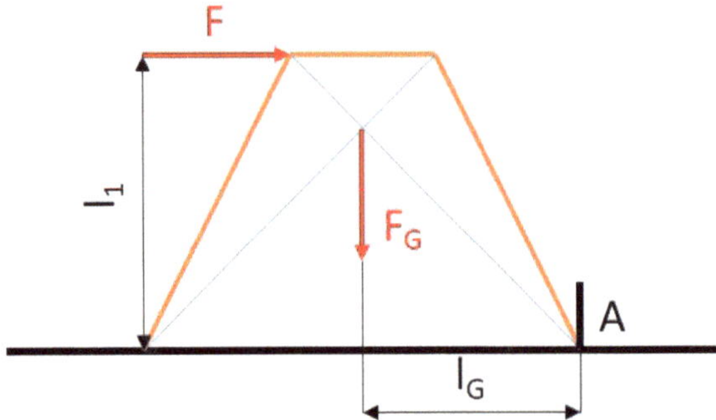

Abbildung 8-6: Kippmoment

Hinweis: Wird ein Körper auf einer schiefen Ebene betrachtet, so berechnet sich der Grenzwinkel, bei dem der Körper über den unteren Berührpunkt nach hinten überkippt aus

$$\alpha = \tan^{-1}\left(\frac{l_K}{l_G}\right)$$

Dabei ist l_K der Abstand des Schwerpunkts zum unteren Berührpunkt und l_G der Abstand des Schwerpunkts zur Unterlage.

8.3.2 AUFLAGERKRÄFTE

Eine weitere Anwendung von Drehmomenten ist die Berechnung von Auflagerkräften, die beispielsweise bei Getriebewellen eine Rolle spielen, siehe Abbildung 8-7.

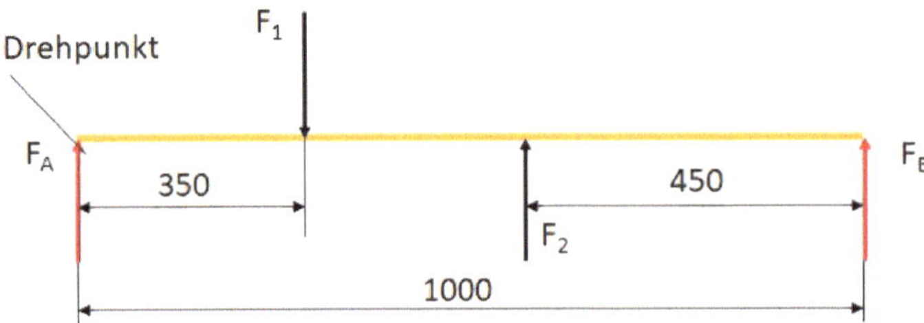

Abbildung 8-7: Auflagerkräfte

Beispiel:

Gegeben sind die äußeren Belastungskräfte $F_1 = 1{,}2$ kN und $F_2 = 0{,}3$ kN.

Gesucht sind die Auflagerkräfte F_A und F_B der Welle?

Lösung:

Da das System statisch, also in Ruhe bleiben muss, ist die Summe aller wirkenden Drehmomente und Kräfte gleich Null.

Zunächst legt man den Drehpunkt in das Lager A oder B und markiert diesen deutlich. Dann listet man alle wirkenden Drehmomente auf. Die gegen den Uhrzeigersinn drehenden werden positiv (+) gezählt, die mit dem Uhrzeigersinn drehenden negativ (—)

Bezogen auf das Lager A gilt dann:

$$\sum M = 0 \rightarrow -F_1 \cdot 350 + F_2 \cdot 550 + F_B \cdot 1000 = 0$$

$$F_B = \frac{F_1 \cdot 350 - F_2 \cdot 550}{1000} = 255\mathrm{N}$$

Zur Ermittlung von F_A werden alle Kräfte unter Beachtung ihrer Richtung und verschiedener Vorzeichen addiert und Null gesetzt:

$$\sum F = 0 \rightarrow -F_A + F_1 - F_2 - F_B = 0$$

$$F_A = 645\mathrm{N}$$

9 ENERGIE (ARBEIT), LEISTUNG, WIRKUNGSGRAD

Die Kapitelüberschrift soll andeuten, dass mechanische Arbeit auch eine Energieform darstellt. Wird z. B. eine Feder gespannt, ist dazu mechanische Arbeit erforderlich, ebenso wenn eine Masse angehoben wird. Im 1. Fall besitzt dann die Feder Energie (Spannenergie), die angehobene Masse potentielle Energie, auch Lageenergie genannt. Es ist die gespeicherte Hubarbeit. Die physikalische Einheit muss also auch gleich sein. Es sind:

$$[\,kg{\cdot}m^2{\cdot}s^{-2}\,] = [\,Nm\,] = [\,J\,] = [\,Ws\,]$$

9.1 HUBARBEIT, POTENTIELLE ENERGIE

Beide berechnen sich nach:

$$W_{Hub} = E_{pot} = m \cdot g \cdot \Delta h$$

Beispiel:

Das Pumpspeicherwerk in Vianden (Luxemburg) hat eine nutzbare Wassermenge von knapp 8 Mio. m^3 Wasser bei einer durchschnittlichen Fallhöhe von 280m. Wie groß ist die potentielle Energie?

Lösung:

Die obigen Einheiten zeigen, dass die Masse in kg einzusetzen ist. Bei Wasser gilt $\rho = 1kg/dm^3$, somit:

$$E_{pot} = 8 \cdot 10^9 \cdot 9{,}81 \cdot 280 = 2{,}2 \cdot 10^{13} J\ (Ws) = 6{,}1 \cdot 10^6 kWh$$

9.1.1 FEDERENERGIE

Die Federenergie E_F ist genauso groß wie die vorher in die Feder eingebrachte Federarbeit W_F. Es gilt:

$$E_F = \frac{F \cdot \Delta s}{2} = \frac{R \cdot \Delta s^2}{2} = W_F$$

9.2 KINETISCHE ENERGIE

Die kinetische Energie (Bewegungsenergie) einer bewegten Masse errechnet sich mit:

$$E_{kin} = \frac{m \cdot v^2}{2}$$

mit v - Geschwindigkeit in m/s

Beispiel: Ein vollbeladener Audi Q7 e-tron 3.0 TDI (3185kg!) fährt mit 180 km/h frontal gegen einen Brückenpfeiler. Wie groß ist die beim Aufprall vernichtete Energie?

Lösung:

$$E_{kin} = \frac{3185 \cdot (50^2)}{2} = 3.981.250 \text{J} \approx 4 \text{MJ}$$

Vergleich: James Watts erste Dampfmaschine erzeugte beim Verbrennen von 100 kg Steinkohle diese Energie oder damit hätte man auch den Audi knapp 130m hochheben können.

9.3 ENERGIEERHALTUNGSSATZ

Dieser besagt, dass in einem als reibungsfrei betrachteten System Energie nicht erzeugt oder vernichtet werden kann, sondern lediglich umgewandelt wird, also:

$$E_E = E_A + W_{zu} - W_{ab}$$

Die Energie E_E am Ende eines Vorgangs ist gleich der Energie E_A am Anfang des Vorgangs vermehrt um die während des Vorgangs zugeführte Arbeit W_{zu} abzüglich um die während des Vorgangsabgeführte Arbeit W_{ab}.

Beispiel:

Ein Waggon mit einer Masse m von 25 t fährt beim Ausrollen gegen einen starren Prellbock und drückt dadurch seine beiden Puffer bis zum Stillstand um den Weg $s = 80$ mm zusammen. Die Pufferfedern haben eine Federrate $R = 0{,}3$ kN/mm. Wie groß ist die Geschwindigkeit v vor dem Anstoßen?

Lösung: Am Ende des Vorgangs ist die Energie gleich = 0, da Stillstand und die abgegebene Arbeit ist $2\,W_F$, da 2 Puffer, also:

$$E_E = E_A - W_{ab}$$

$$0 = \frac{m \cdot v^2}{2} - 2\,W_F = \frac{m \cdot v^2}{2} - 2 \cdot \frac{R \cdot \Delta s^2}{2}$$

$$\frac{m \cdot v^2}{2} = R \cdot \Delta s^2 \rightarrow \text{mit Wurzelziehen von } \Delta s \text{ und vor die Wurzel}$$

$$v = \Delta s \cdot \sqrt{\frac{2R}{m}} = 0{,}08\,\text{m} \cdot \sqrt{\frac{2 \cdot 3 \cdot 10^5 \frac{\text{kg}}{\text{s}^2}}{25000\ \text{kg}}} = 0{,}39\,\frac{\text{m}}{\text{s}}.$$

9.4 ENERGIEERZEUGUNG UND -UMWANDLUNG

Als Primärenergie bezeichnet man die von der Natur aus bereitgestellte Energiearten, die in beispielsweise Steinkohle, Erdgas, oder dem Wind und der Sonne verfügbar sind. Wie schon der Abschnitt Energieerhaltungssatz gezeigt hat, können Energieformen nur umgewandelt werden. Die Primärenergieträger werden dabei genutzt, um diese in Sekundärenergie umzuwandeln. Oftmals wird dabei Strom gewonnen. Es gibt verschiedene Arten von Kraft- und Arbeitsmaschinen, die für die Energieumwandlung verantwortlich sind. Beispiele dafür:

- Verdichter
- Wasserturbinen
- Verbrennungsmotoren
- Elektromotoren
- Hydraulische Pumpen
- Kompressoren

Beispielsweise treibt herabstürzendes Wasser eine Turbine an. Auf der gleichen Welle sitzt ein Generator, der dann elektrischen Strom erzeugt. Bei Windrädern verhält es sich ähnlich: Rotor wird durch Wind in Rotation versetzt und treibt einen Generator an. Bei geothermischen Anlagen wird mithilfe einer Erdsonde die unterirdische Wärme mittels Wärmetauscher genutzt und anschließend mit einer Wärmepumpe in Heizenergie umgewandelt.

9.5 MECHANISCHE LEISTUNG

Diese errechnet sich aus dem Quotienten von Arbeit (Energie) und Zeit, also:

$$P = \frac{W}{t} = \frac{F \cdot s}{t} = F \cdot v$$

Die Einheit ist Watt $[\text{W}] = [\frac{\text{Nm}}{\text{s}}]$

Beispiel:

Ein Zahnrad mit einem Durchmesser $d = 300$ mm hat eine Drehzahl von 120 min^{-1} und soll eine Leistung von 22 kW übertragen. Wie groß ist die Umfangskraft F_U?

Lösung:

$$P = F_U \cdot v = F_U \cdot \pi \cdot d \cdot n \text{ und somit}$$

$$F_U = \frac{P}{\pi \cdot d \cdot n} = \frac{22000\frac{\text{Nm}}{\text{s}}}{\pi \cdot 0{,}3\text{m} \cdot 2 \cdot \frac{1}{\text{s}}} = 11672\text{N}.$$

Beispiel:

Ein Laufkran gibt an seinem Lasthaken eine Leistung von 32 kW und soll Massen von 8 Tonnen 6m anheben. Wie viele Minuten benötigt er?

$$P = \frac{F \cdot s}{t}$$

$$t = \frac{F \cdot s}{P} = \frac{80000\text{N} \cdot 6\text{m}}{32000\text{N} \cdot \text{m/s}} = 15\text{s} = 0{,}25\text{min}$$

Hinweis: Bei Aufgaben mit Wasservolumen beachten, dass $1\text{dm}^3 = 1l = 1\text{kg}$ ist.

9.6 WIRKUNGSGRAD

Jeder technische Vorgang ist reibungsbehaftet. Meist wird diese Reibarbeit oder Reibleistung in Wärme umgesetzt und geht verloren. Daher misst man z. B. an der Abtriebswelle eines Getriebes stets eine kleinere Leistung als die vom Antriebsmotor gelieferte. Der Quotient aus abgeführt durch zugeführt heißt Wirkungsgrad:

$$\eta = \frac{P_{ab}}{P_{zu}} = \frac{W_{ab}}{W_{zu}} = \frac{E_{ab}}{E_{zu}} < 1 = 100\%$$

Dabei kann es sich um Leistungen, Arbeiten oder Energien handeln.

Abbildung 9-1 veranschaulicht das bei einem System mit 3 Wirkungsgraden:

Abbildung 9-1: Gesamtwirkungsgrad

Der Gesamtwirkungsgrad η_{ges} ist das Produkt aller Einzelwirkungsgrade und stets kleiner als der kleinste Einzelwirkungsgrad.

$$\eta_{ges} = \eta_1 \cdot \eta_2 \cdot \eta_3$$

Hinweis: Bei Berechnungen nie mit der Prozentzahl des Wirkungsgrades rechnen, sondern in eine Kommazahl umwandeln:

%-Angabe dividiert durch 100 = Kommazahl!

Beispiel:

Aus einem Schacht sind in 24 Stunden 1250 m^3 Wasser aus einer Tiefe von $h = 0,83$ km zu pumpen. Der Wirkungsgrad der Pumpe mit Rohrnetz beträgt $\eta_P = 72\%$.

Welche Antriebsleistung muss der Motor aufbringen?

Lösung:

$$P_{ab} = \frac{m \cdot g \cdot h}{t} = \frac{1{,}25 \cdot 10^6 \text{kg} \cdot 9{,}81 \frac{\text{m}}{\text{s}^2} \cdot 830\text{m}}{24 \cdot 60 \cdot 60\text{s}} = 1{,}178 \cdot 10^5 \text{W}$$

$$P_{an} = \frac{P_{ab}}{\eta} = \frac{117{,}8 \text{ kW}}{0{,}72} = 163{,}61\text{kW}$$

10 FLUIDMECHANIK

Diese beschäftigt sich mit ruhenden und bewegten Flüssigkeiten, Gasen und Dämpfen. Dabei werden Flüssigkeiten als inkompressibel (nicht zusammendrückbar) betrachtet, Gase und Dämpfe dagegen lassen sich zusammendrücken und heißen somit kompressibel.

10.1 ABSOLUTER DRUCK

Wirkt beispielsweise auf eine Flüssigkeit eine äußere oder innere Kraft, erzeugt diese auf Flächen einen Druck, der sich nach allen Richtungen hin gleichmäßig ausbreitet. Er berechnet sich aus:

$$p = \frac{\text{Kraft}}{\text{Fläche}} = \frac{F}{A}$$

Die SI-Einheit des Drucks ist Pa. Es gilt:

$1 \text{ N/m}^2 = 1 \text{ Pa}$ und $1 \text{ bar} = 1000 \text{ mbar} = 10^5 \text{ Pa}$

In der Technik muss man zwischen den Begriffen Überdruck und absoluter Druck unterscheiden. Abbildung 10-1 veranschaulicht das. Dabei gilt immer:

$$p_{abs} = p_e + p_{amb}$$

p_e können sowohl Über- als auch Unterdrücke darstellen.

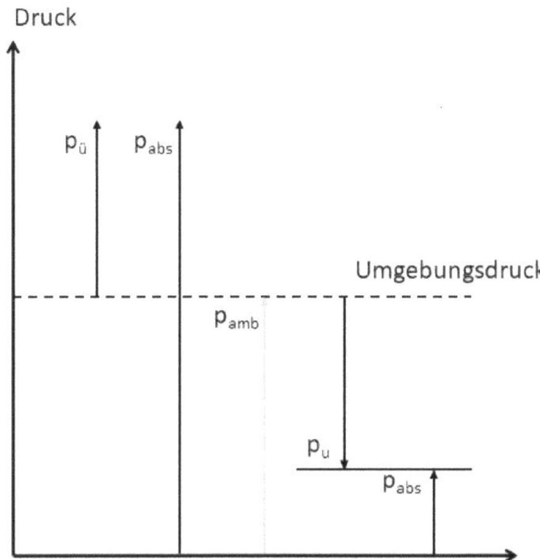

Abbildung 10-1: Absoluter Druck sowie Über- und Unterdruck

Beispiel:

Der absolute Druck eines Gases in einem Behälter beträgt $16{,}04 \cdot 10^5$ Pa bei einem Umgebungsdruck von 1040 mbar. Welchen Druck zeigt das Manometer an?

Hinweis: Manometer können nur Überdrücke anzeigen.

Lösung: Formelumstellung nach p_e ergibt:

$$p_e = p_{abs} - p_{amb} = 16{,}04\,bar - 1{,}04\,bar = 15\,bar$$

Beispiel:

Ein Kolben wird mit einer Kraft von 20 kN beaufschlagt. Der absolute Druck im Zylinder beträgt 6 bar. Welchen Durchmesser in [mm] hat der Kolben?

$$p = \frac{F}{A} \rightarrow A = \frac{F}{p} = \frac{20000\,\text{N}}{6 \cdot 10^5 \,\text{N/m}^2} = 0{,}0\overline{3}\ \text{m}^2$$

$$d = \sqrt{\frac{4 \cdot A}{\pi}} = 20{,}6\ \text{cm} = 206\,\text{mm}$$

10.1.1 DRUCKAUSBREITUNGSGESETZ

Als technische Anwendung lässt sich zum Beispiel der hydraulische Wagenheber nennen, man spricht auch von einem hydraulischen Druckübersetzer. Abbildung 10-2 veranschaulicht das Prinzip.

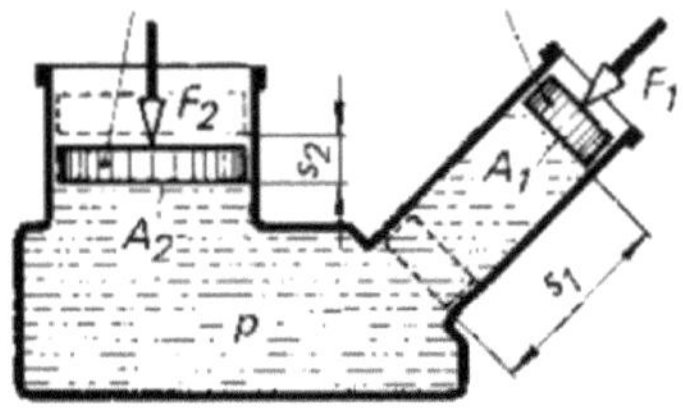

Abbildung 10-2: Hydraulischer Hebebock [3]

Da der Druck in dem abgeschlossenen Volumen überall gleich groß ist, gilt:

$$p = \frac{F_1}{A_1} = \frac{F_2}{A_2}$$

Dabei bleibt die Reibung unberücksichtigt und man erkennt, dass die Kraft F_2 am Lastkolben vom Verhältnis $\frac{A_2}{A_1}$ abhängt. Hat also der Druckkolben einen kleineren Durchmesser als der Lastkolben, kann man mit einer kleinen Druckkraft größere Lasten problemlos heben. Über die Betrachtung der Volumengleichheit:

$$V = A_1 \cdot s_1 = A_2 \cdot s_2 = V \text{ gelangt man zu:}$$

$$\frac{s_1}{s_2} = \frac{d_2^2}{d_1^2}$$

Die zurückgelegten Kolbenwege s verhalten sich also umgekehrt wie die Quadrate der Kolbendurchmesser d zueinander.

Beispiel:

Mit einem hydraulischen Hebebock soll am Lastkolben eine Hubkraft von 80 kN erzeugt werden. Auf den Druckkolben wird eine Kraft von 1200 N ausgeübt. Der Druck im Behälter beträgt 45 bar. Ohne Berücksichtigung der Reibung sind die beiden Durchmesser zu bestimmen.

b) Um wieviel mm bewegt sich der Lastkolben, wenn der Druckkolben um 4 cm verschoben wird?

Geg.: $F_2 = 80$ kN $= 80.000$ N; $F_1 = 1,2$ kN $= 1200$ N; $p = 45$bar $= 45 \cdot 10^5$ N/m^2; $s_1 = 8$cm $= 80$ mm

Ges.: d_1 , d_2, s_2

Lösung:

Aus

$$p = \frac{F_1}{A_1} \text{ folgt}$$

$$A_1 = \frac{F_1}{p} = \frac{1,2 \cdot 10^3 \text{N}}{45 \cdot 10^5 \text{N/m}^2} = 2,67 \cdot 10^{-4} \text{m}^2 = 267 \text{mm}^2$$

$$d_1 = \sqrt{\frac{A \cdot 4}{\pi}} = 18,4 \text{ mm}$$

Analoge Rechnung mit A_2 und F_2 ergibt $A_2 = 1,778 \cdot 10^{-2}$ m^2 = 17.780 mm^2.

Und damit $d_2 = 150,5$ mm.

b) Es gilt:

$$s_2 = \frac{s_1 \cdot d_1^2}{d_2^2} = \frac{80 \text{mm} \cdot 338,56 \text{mm}^2}{22650 \text{mm}^2} = 1,2 \text{ mm}$$

10.1.2 Differentialzylinder

Mit einem hydraulischen Druckübersetzer, z. B. bei Werkzeugspannvorrichtungen, können kleinere Drücke in größere übersetzt werden, s. auch Abbildung 10-3. Dabei sind zwei unterschiedlich große Kolben mechanisch durch eine gemeinsame Kolbenstange verbunden. Wird die Kolbenfläche A_1 mit Druck beaufschlagt, so wirkt die Kraft F_1 über die Kolbenstange direkt auf die kleinere Kolbenfläche A_2

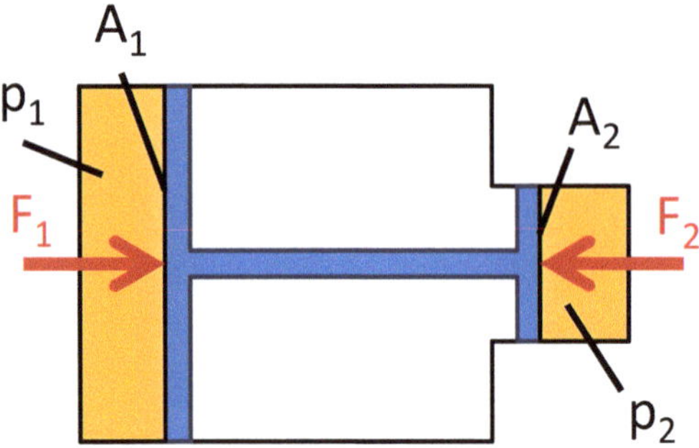

Abbildung 10-3: Hydraulischer Druckübersetzer

Da es sich um ein statisches System handelt, ist die Kraft auf beiden Seiten gleich groß. Somit gilt:

$$F_1 = p_1 \cdot A_1 = p_2 \cdot A_2 \text{ oder}$$

$$\frac{p_1}{p_2} = \frac{A_2}{A_1}$$

Frage: Auf welcher Seite wirkt ein höherer Druck und warum?

Wird bei bewegten Kolben die Reibung mitberücksichtigt, müssen diese Reibungsverluste bei der Berechnung der Kolbenkraft einbezogen werden:

$$F = p \cdot A \cdot \eta;\ \eta < 1$$

10.2 STRÖMUNG VON FLUIDEN

Fluide ist der Oberbegriff für Flüssigkeiten und Gase. Dabei werden Reibungsvorgänge nicht berücksichtigt und die Dichte als unveränderlich angesehen. Zunächst betrachten wir strömende Flüssigkeiten in Leitungen mit gleichbleibendem Querschnitt

10.2.1 STRÖMUNG IN LEITUNGEN MIT A = CONST.

Durch eine Leitung strömt eine inkompressible Flüssigkeit (ρ = const.) mit gleichförmiger Geschwindigkeit v, siehe auch Abbildung 10-4.

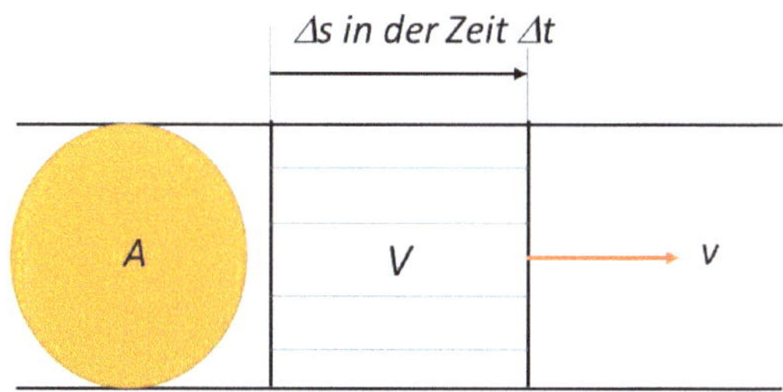

Abbildung 10-4: Strömung in Leitungen

In einem Leitungsabschnitt Δs strömt dann das Volumen $V = A\,\Delta s$. Dividiert man jetzt durch Δt ergibt sich:

$$\frac{V}{\Delta t} = \frac{A\cdot\Delta s}{\Delta t} = \dot{V} = Q = A\cdot v$$

$\dot{V}$ oder Q bezeichnet den Volumenstrom in z. B. m³/h oder l/s.

Diese Gleichung kann auch für gasförmige Stoffe angewendet werden, solange man ρ = const. voraussetzt und Reibungsvorgänge nicht einbezieht.

Beispiel:

Durch einen quadratischen Luftkanal mit 120 mm Kantenlänge werden 10 m³/min gefördert. Bestimme die Luftgeschwindigkeit in m/s bei ρ = const.

Geg.: a = 120 mm= 0,12m; $\dot{V}$ = 10 m³/min

Ges.: v

Lösung:

$$\dot{V} = A\cdot v \rightarrow v = \frac{\dot{V}}{A} = \frac{\dfrac{10\text{m}^3}{\text{min}}}{0{,}0144\text{m}^2} = 694{,}4\,\frac{\text{m}}{\text{min}} = 11{,}6\,\frac{\text{m}}{\text{s}}$$

10.2.2 Strömung in Leitungen mit veränderlichem Querschnitt ($A \neq$ const.)

Beim Durchströmen einer Leitung mit veränderlichem Querschnitt muss man sich überlegen, dass der Volumenstrom im 1. und 2. Abschnitt gleich groß sein muss (warum?), also

$$\dot{V}_1 = A_1\cdot v_1 = \dot{V}_2 = A_2\cdot v_2$$

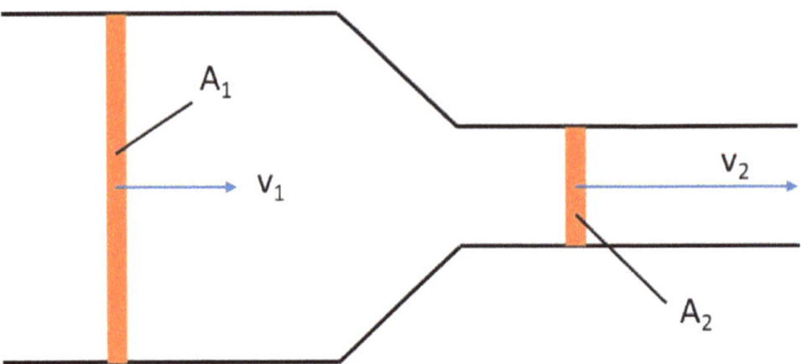

Abbildung 10-5: Kontinuitätsgleichung

Mit anderen Worten:

Strömt ein Fluid mit gleichbleibender Dichte durch eine Leitung mit veränderlichem Querschnitt, dann bleibt der Volumenstrom $A \cdot v$ konstant, siehe Abbildung 10-5.

Beispiel:

Durch eine Ansaugleitung mit einem Durchmesser von 8 cm strömt Wasser mit 2,16 km/h. Der Durchmesser der Druckleitung beträgt 20 mm.

Berechnen Sie den Volumenstrom und die Strömungsgeschwindigkeit im Druckrohr.

Geg.: $d_1 = 8$ cm; $v_1 = 2{,}16$ km/h $= 2160$ m/h; $d_2 = 20$mm $= 2$cm

Ges.: Q, v_2

Lösung:

a)

$$Q_1 = A_1 \cdot v_1 = 50{,}3 \cdot 10^{-4} m^2 \cdot 2160 \frac{m}{h} = 10{,}87 \frac{m^3}{h}$$

b)

$$v_2 = \frac{Q_1}{A_2} = \frac{0{,}003 m^3/s}{3{,}14 \cdot 10^{-4} m^2} = 9{,}55 \frac{m}{s}$$

10.2.3 Kolbengeschwindigkeit

Die Kolbengeschwindigkeit kann mit der gleichen Formel wie für die Strömungsgeschwindigkeit berechnet werden:

$$v = \frac{\dot{V}}{A} = \frac{V}{A \cdot t}$$

Diese Formel hat Gültigkeit für einseitig und für beidseitig beaufschlagte Kolben.

Bei einem einfach beaufschlagten Hydraulikzylinder ist die Ein- und Ausfahrgeschwindigkeit gleich groß. Da es beim beidseitig beaufschlagten (doppeltwirkenden) Zylinder aufgrund der durchgehenden Kolbenstange unterschiedlich große wirksame Kolbenflächen gibt, s. auch Abbildung 10-6, müssen auch die beiden Geschwindigkeiten unterschiedlich sein. Bei kleinerer wirksamer Fläche wird die Kolbengeschwindigkeit größer.

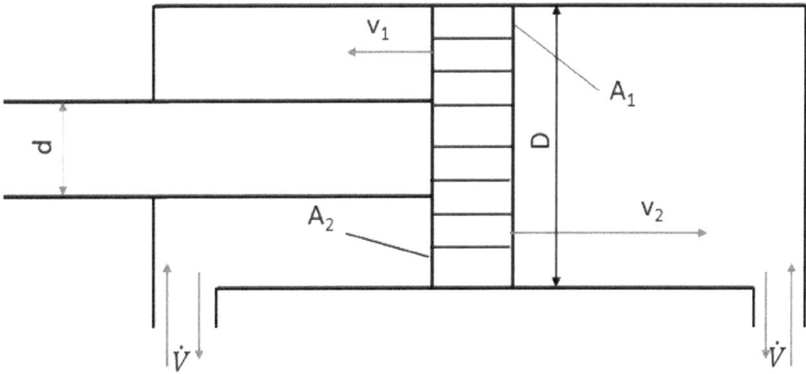

Abbildung 10-6: Doppelt wirkender Zylinder

Beispiel:

Die Hydraulikanlage einer Werkzeugpresse wird mit einem Druck von 300 bar betrieben bei einem Volumenstrom von 220 l/min. Der Kolbendurchmesser beträgt 50 cm, der Durchmesser der Kolbenstange 120 mm.

Gesucht ist die Aus- und Einfahrgeschwindigkeit sowie die dabei entstehenden Kolbenkräfte.

Geg.: $p = 300$ bar $= 3 \cdot 10^7$ N/m^2 $= 3 \cdot 10^5$ N/dm^2 ; $\dot{V} = 220$ l/min $= 220$ dm^3/min; $D = 50$ cm $= 5$ dm; $d = 200$ mm $= 2$ dm

Ges.: v_1, v_2, F_1, F_2

Lösung:

$$v_1 = \frac{\dot{V}}{A_1} = \frac{220 \frac{\text{dm}^3}{\text{min}} \cdot 4}{\pi \cdot 25 \text{dm}^2} = 11{,}2 \frac{\text{dm}}{\text{min}}$$

Die Fläche A_2 ist eine Kreisringfläche aufgrund der Kolbenstange und berechnet sich wie folgt:

$$A_2 = \frac{\pi}{4} \cdot (D^2 - d^2) = 0{,}785 \cdot (25 - 4) = 16{,}5 \text{dm}^2$$

$$v_2 = \frac{220 \frac{\text{dm}^3}{\text{min}}}{16{,}5 \text{dm}^2} = 13{,}3 \frac{\text{dm}}{\text{min}}$$

Für die Berechnung der Kolbenkräfte wird die Gleichung benutzt und nach F umgestellt.

$$F_1 = p \cdot A_1 = 3 \cdot 10^5 \frac{\text{N}}{\text{dm}^2} \cdot 19{,}6 \text{dm}^2 = 5{,}88 \cdot 10^6 \text{N} = 5{,}88 \text{MN}$$

$$F_2 = p \cdot A_2 = 4{,}95 \text{MN}$$

10.2.4 Luftverbrauch bei pneumatischen Systemen

Während es bei Hydraulikanlagen um geschlossene Systeme handelt, kann man bei pneumatischen Systemen das Arbeitsmedium Luft an die Umgebung abgeben. Somit entsteht ein sogenannter Luftverbrauch. Dieser hat die Dimension eines Volumenstroms und berechnet sich aus folgender Formel:

$$Q = A \cdot s \cdot n \cdot \frac{(p_e + p_{amb})}{p_{amb}}$$

Dabei bedeuten: A Kolbenfläche

        s Kolbenhub

        n Anzahl Hübe

        p_e Überdruck

        p_{amb} Umgebungsdruck, wenn nichts anderes angegeben gleich 1 bar.

Wir betrachten zunächst einen einfach wirkenden Zylinder, s. auch Abbildung 10-7.

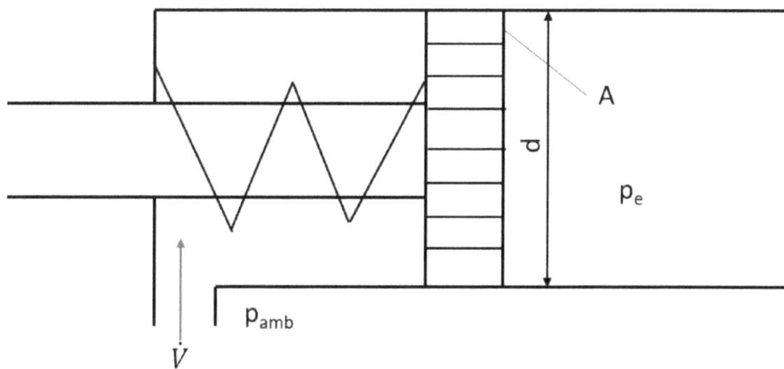

Abbildung 10-7: Einfach wirkender Zylinder

Bei einem doppeltwirkenden Zylinder wird der Einfachheit halber die Kolbenstangenfläche vernachlässigt. Dadurch verdoppelt sich einfach dessen Luftverbrauch zu:

$$Q = 2 \cdot A \cdot s \cdot n \cdot \frac{(p_e + p_{amb})}{p_{amb}}$$

Beispiel:

Ein doppeltwirkender Pneumatik-Zylinder hat einen Kolbendurchmesser von 10 cm und einen gleich großen Kolbenhub. Es werden 90 Liter Druckluft pro Minute bereitgestellt bei einem Arbeitsdruck von 6 bar

Wie viele Hübe in der Stunde werden geleistet?

Geg.: d = 10 cm = 1 dm; s = 10 cm = 1 dm; Q = 90l/min = 5400 dm³/h; p_e = 6 bar

Ges.: n

Lösung:

Obige Formel nach n umstellen, ergibt:

$$n = \frac{Q \cdot p_{amb}}{2 \cdot A \cdot s \cdot (p_e + p_{amb})} =$$

$$n = \frac{5400 \text{dm}^3/\text{h} \cdot 1\text{bar}}{2 \cdot 0{,}785 \text{dm}^2 \cdot 1\text{dm} \cdot 7\text{bar}} = 491 \text{ Hübe/Stunde}$$

Frage: Verläuft die Umstellung der obigen Formel nach s grundsätzlich anders oder eher „gleich"?

10.3 HYDRAULISCHE LEISTUNG

Diese berechnet sich aus dem Produkt von Kolbenkraft und Kolbengeschwindigkeit bzw. aus dem Produkt von Volumenstrom und Überdruck.

$$P = F \cdot v = Q \cdot \Delta p$$

Setzt man F in [N], v in [m/s] sowie Q in [m³/s] und Δp in [N/m²] ein, erhält man im Ergebnis für die Leistung P Watt [W].

11 ELEKTROTECHNISCHE GRUNDLAGEN

11.1 OHMSCHES GESETZ UND LEITERWIDERSTAND

Elektrizität ist der physikalische Oberbegriff für alle Phänomene, die ihre Ursache in ruhender oder bewegter elektrischer Ladung haben. Dies umfasst viele aus dem Alltag bekannte Phänomene wie Blitze oder die Kraftwirkung des Magnetismus, also alle chemischen (z. B. Brennstoffzelle), magnetischen (Generator) und thermischen Effekte (Thermoelement) des elektrischen Stroms. Die Ursache für den elektrischen Strom sind bewegte Ladungen bzw. bewegte Elektronen.

Ein einfaches Beispiel für bewegte Elektronen ist eine angeschlossene (verkabelte) Glühbirne mit einer versorgenden Spannungsquelle, z. B. einer 9V Batterie.

Abbildung 11-1veranschaulicht dies:

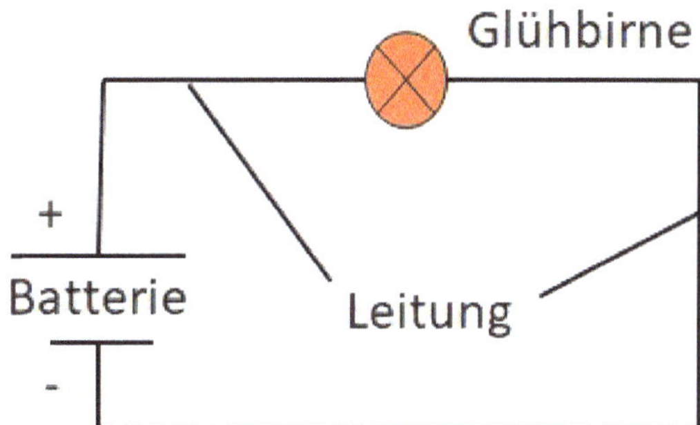

Abbildung 11-1: Einfacher elektrischer Stromkreis

Am Minuspol der Batterie herrscht Elektronenüberschuss, am Pluspol Elektronenmangel. Die freien Elektronen werden vom Pluspol angezogen, so dass ein Ladungstransport vom Minuspol zum Pluspol erfolgt. Die technische Stromrichtung ist definiert von + nach —. Diese Potenzialdifferenz führt zu einem Fluss von elektrischer Ladung Q und damit elektrischem Strom I. Je mehr Elektronen in einem Zeitintervall Δt durch eine Querschnittsfläche eines Leiters fließen, umso größer ist die Stromstärke I, gemessen in A (Ampère):

$$I = \frac{Q}{\Delta t}$$

Mit

Q – elektrische Ladung in C (Coulomb) und

Δt – Zeitintervall in s

Fließen die Elektronen immer in gleicher Richtung, so spricht man von Gleichstrom, (DC = direct current), z. B. bei Batterien oder Akkus. Ändern diese jedoch ständig ihre Bewegungsrichtung, so spricht man von Wechselstrom (AC = alternating current). Die Frequenz bei unserem Wechselstrom beträgt f = 50 1/s = 50 Hz. Abbildung 11-2 veranschaulicht diesen Sachverhalt.

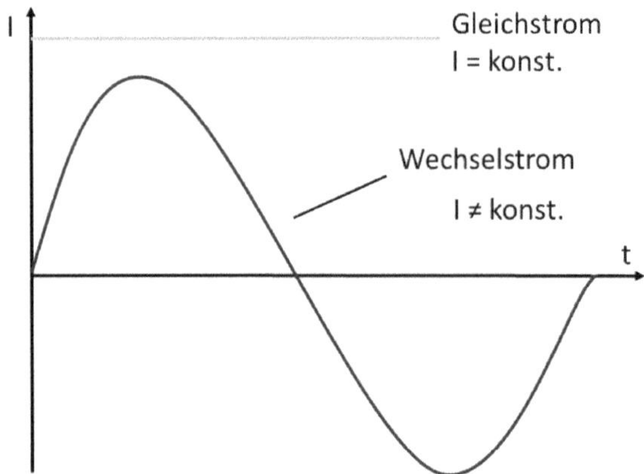

Abbildung 11-2: Gleich- und Wechselstrom

In Abbildung 11-2 ist die Glühbirne als elektrischer Verbraucher dargestellt. Man könnte sie auch als Widerstand ansehen. Ist die Glühwendel durchgebrannt, zeigt ein Widerstandsmesser (Ohmmeter) den Wert ∞ an. In dem einfachen Stromkreis ist die Spannung U proportional zur Stromstärke I. Es gilt das Ohm'sche Gesetz:

$$U = R \cdot I$$

Übung: Stellen Sie die Formel nach R und I um.

Die Einheit des elektrischen Widerstands ist Ohm. (Ω = V/A). Der Kehrwert $1/R$ wird elektrischer Leitwert G genannt und hat die physikalische Einheit Siemens [S].

$$G = \frac{1}{R}$$

Aber nicht nur die Glühbirne hat einen elektrischen Widerstand, auch die Zuleitungen, also die elektrischen Leiter, sind nicht widerstandslos. Der sogenannte spezifische elektrische Widerstand ρ als Proportionalitätsfaktor gibt den Widerstand eines Materials der Länge $l = 1\text{m}$ und der Querschnittsfläche $A = 1\text{m}^2$ an. Der formelmäßige Zusammenhang lautet:

$$R = \frac{\rho \cdot l}{A}$$

Man erkennt, dass der elektrische Widerstand proportional zur Leiterlänge und antiproportional zum Leiterquerschnitt ist.

Bei vielen Materialien ist der Widerstand aber auch abhängig von der Temperatur. Bei Metallen beispielsweise nimmt der Widerstand mit steigender Temperatur zu (Kaltleiter (PTC)), bei Halbleitern verhält es sich umgekehrt, der Widerstand fällt mit steigender Temperatur, (Heißleiter (NTC)). Das wird mit dem Temperaturkoeffizienten α berücksichtigt. Bei dem Werkstoff Konstantan ist dieser sehr klein.

Die Tabelle 8.1 zeigt für einige Materialien den spezifischen elektrischen Widerstand und den Temperaturkoeffizienten.

Tab. 8.1 Spezifischer elektrischer Widerstand und Temperaturkoeffizient

Material	ρ in 10^{-6} Ωm	α in 10^{-3}°C^{-1}
Kupfer	0,017	3,8
Aluminium	0,027	4,7
Konstantan	0,5	0,03

Beispiel:

Ein Kupferkabel von 20m Länge soll einen Widerstand von $1\text{m}\Omega$ besitzen. Welchen Durchmesser muss das Kabel haben?

Geg.: $l = 20\text{m}$; $R = 1\text{m}\Omega = 10^{-3}\Omega$; $\rho = 0{,}017 \cdot 10^{-6}$ Ωm

Ges.: A, d

Lösung:

$$R = \frac{\rho \cdot l}{A}$$

$$A = \frac{\rho \cdot l}{R} = \frac{0{,}017 \cdot 10^{-6}\Omega\text{m} \cdot 20\text{m}}{10^{-3}\Omega} = 17\text{mm}^2$$

Aus der Formel für die Kreisfläche folgt:

$$d = \sqrt{\frac{4 \cdot A}{\pi}} = 4{,}7\,\text{mm}$$

11.2 SCHALTUNG VON WIDERSTÄNDEN

11.2.1 REIHENSCHALTUNG

Werden mehrere Widerstände hintereinander geschaltet, wird von einer Reihenschaltung gesprochen, siehe auch Abbildung 11-3.

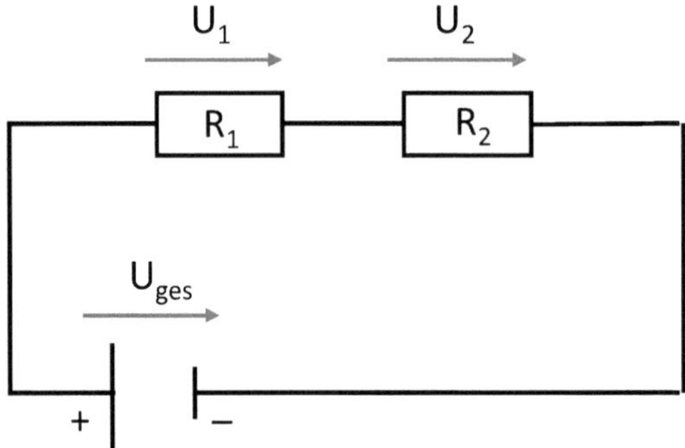

Abbildung 11-3: Reihenschaltung von zwei Widerständen

Es lassen sich beliebig viele Widerstände hintereinanderschalten.

Dabei ist die Stromstärke an jeder Stelle im Stromkreis gleich groß, also:

$$I = I_1 = I_2$$

und

$$U_{\text{Ges}} = U_1 + U_2 \text{ oder}$$

$$I \cdot R_{Ges} = I \cdot R_1 + I \cdot R_2 \text{ und damit}$$

$$R_{Ges} = R_1 + R_2$$

Der Gesamtwiderstand einer Reihenschaltung berechnet sich somit aus der Summe der Einzelwiderstände.

Aus Gleichung 8.2 folgt auch:

$$\frac{U}{R_{Ges}} = \frac{U_1}{R_1} = \frac{U_2}{R_2}$$

Als Anwendung der Reihenschaltung lassen sich Vorwiderstande verwenden, um Verbraucher mit einer zulässig maximalen Spannung zu versorgen,

Beispiel:

Vier in Reihe geschaltete Lampen liegen an 230 Volt und dürfen höchstens mit 8 Ampère durchflossen werden und maximal an 40 Volt anliegen. Wie groß muss der Vorwiderstand gewählt werden?

Lösung:

An allen 4 Lampen fallen $U_L = 4 \cdot 40V = 160V$ ab. Am Vorwiderstand müssen somit:

$$U_v = U - U_L = 70V \text{ abfallen.}$$

$$R_V = \frac{U_V}{I} = \frac{70}{8} = 8,75\Omega$$

Beispiel:

Eine Spannungsquelle mit 48 Volt liegt an einer Reihenschaltung von 3 Widerständen an. Die Widerstände R_1 und R_2 sind gleich groß und besitzen jeweils einen Widerstand von 0,3 Kiloohm. An ihnen fällt eine Spannung von 12 Volt ab. Wie groß sind I, U_3 und R_3?

Lösung:

$$I = \frac{U_1}{R_1} = \frac{12}{300} = 0,04A = 40mA$$

$$U_3 = U - U_1 - U_2 = 48 - 2 \cdot 12 = 24V$$

$$R_3 = \frac{U_3}{I} = \frac{24}{0,04} = 600\Omega$$

11.2.2 PARALLELSCHALTUNG

In der Praxis kommt diese Art von Schaltung deutlich häufiger vor, z. B in Häusern., wo fast alle Verbraucher an 230 Volt anliegen. Abbildung 11-4 zeigt eine solche Schaltung beispielhaft mit zwei Widerständen.

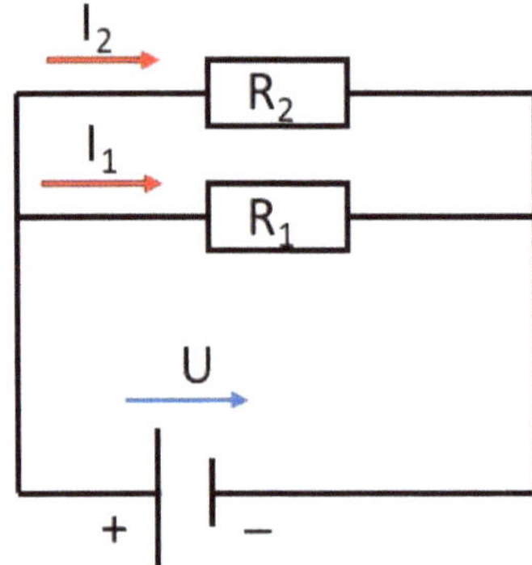

Abbildung 11-4: Parallelschaltung von zwei Widerständen

Aus Abbildung 11-4 ist ersichtlich, dass:

1. Der Gesamtstrom I_{ges} teilt sich in zwei Einzelströme aus und es gilt:

$$I_{ges} = I_1 + I_2$$

2. Die Spannung U liegt auch an allen Verbrauchern an:

$$U = U_1 = U_2 \text{ damit}$$

$$\frac{U}{R_{ges}} = \frac{U_1}{R_1} + \frac{U_2}{R_2} = \frac{U}{R_1} + \frac{U}{R_2}$$

$$\frac{1}{R_{ges}} = \frac{1}{R_1} + \frac{1}{R_2}$$

Mittels Hauptnenner erhält man:

$$R_{ges} = \frac{R_1 \cdot R_2}{R_1 + R_2}$$

Hinweis: Diese Formel gilt nur für 2 Widerstände. Der Gesamtwiderstand ist immer kleiner als der kleinste Einzelwiderstand (Kann als Probe bei Berechnungen verwendet werden.).

Beispiel:

Zu einem Widerstand von 0,300kΩ soll parallel ein zweiter gelegt werden, damit der Gesamtwiderstand 50Ω beträgt. Wie groß muss dieser Widerstand sein und wie groß ist der Strom durch diesen bei einem Gesamtstrom von 800mA.

Geg.: $R_1 = 0{,}3\text{k}\Omega = 300\Omega$; $R_{\text{ges}} = 50\Omega$; $I_{\text{ges}} = 800\text{mA} = 0{,}8\text{A}$.

Ges.: R_2, I_2

Lösung:

$$\frac{1}{R_{ges}} = \frac{1}{R_1} + \frac{1}{R_2}$$

$$\frac{1}{R_2} = \frac{1}{R_{ges}} - \frac{1}{R_1} = \frac{1}{50} - \frac{1}{300} = \frac{5}{300}$$

$$R_2 = 60\Omega$$

Es gilt:

$$U_2 = U$$

$$I_2 \cdot R_2 = I_{ges} \cdot R_{ges}$$

$$I_2 = \frac{0{,}8 \cdot 50}{60} = 0{,}67\text{A}$$

11.2.3 Gemischte Schaltungen

Abbildung 11-5 zeigt ein Beispiel einer gemischten Schaltung. Die Widerstände liegen an 230 Volt.

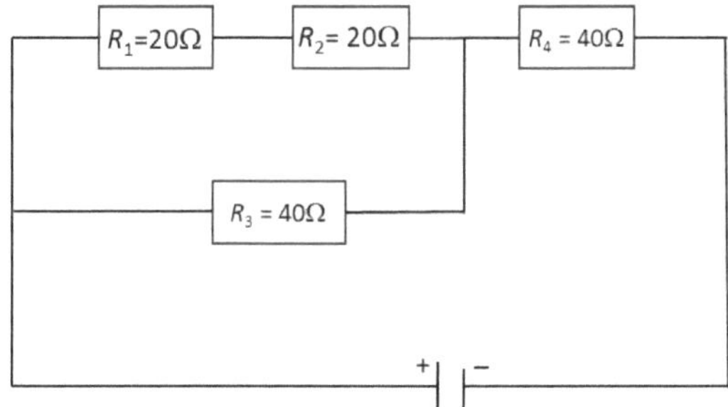

Abbildung 11-5: Gemischte Schaltung von vier Widerständen

Beispiel:

Berechne den Gesamtwiderstand, den Gesamtstrom sowie die Teilströme und Teilspannungen.

Wir betrachten zunächst Teilsysteme für die Ermittlung des Gesamtwiderstands. R_1 und R_2 sind in Reihe geschaltet:

$$R_{Ers1} = R_1 + R_2 = 40\Omega$$

Zu diesem Ersatzwiderstand ist R_3 parallelgeschaltet, also:

$$\frac{1}{R_{Ers2}} = \frac{1}{R_{Ers1}} + \frac{1}{R_3} = \frac{1}{40} + \frac{1}{40} = \frac{1}{20}$$

Z diesem liegt R_4 wieder in Reihe:

$$R_{ges} = R_{Ers2} + R_4 = 20 + 40 = 60\Omega$$

$$I_{ges} = \frac{U}{R_{ges}} = 3{,}83\text{A} = I_4$$

$$U_4 = I_4 \cdot R_4 = 153{,}3\text{V}$$

$$U_3 = U - U_4 = 76{,}7\text{V}$$

Jetzt lässt sich mit dem Ohm'schen Gesetz I_3 berechnen:

$$I_3 = \frac{U_3}{R_3} = 1{,}915\text{A}$$

$$I_{1,2} = I_{ges} - I_3 = 1{,}915\text{A}$$

$$U_1 = U_2 = I_{1,2} \cdot R_1 = 38{,}3V$$

11.2.4 MESSUNG ELEKTRISCHER GRÖSSEN

Man unterscheidet die Strommessung mittels Ampèremeter und die Spannungsmessung mit Hilfe von Voltmetern. In digitalen Multimetern lassen sich zusätzlich auch noch Widerstandswerte ermitteln.

Bei der Strommessung liegt das Messgerät im Stromkreis (Hauptschluss) und sollte daher einen sehr kleinen Eigenwiderstand besitzen, um das Messergebnis nicht allzu stark zu verfälschen. Bei der Spannungsmessung wird die Spannung „über" einem Verbraucher (Parallelschaltung) gemessen. Das Voltmeter befindet sich im Nebenschluss. Daher sollte der Eigenwiderstand möglichst groß (z. B. 10MΩ) sein, im Idealfall ∞. Die Ermittlung eines unbekannten Widerstands wird mithilfe einer sogenannten Wheatstone-Messbrücke realisiert.

11.3 ELEKTRISCHE LEISTUNG

11.3.1 BEI GLEICHSTROM

Die elektrische Leistung ist das Produkt aus Spannung U und Strom I. Die Einheit ist das Watt [W].

$$P = U \cdot I$$

Mithilfe des Ohm'schen Gesetzes, z. B. $U = I \cdot R$ ergeben sich noch zwei weitere Formeln:

$$P = I^2 \cdot R = \frac{U^2}{R}$$

Beispiel:

Ein Wasserkocher arbeitet mit 230 Volt und hat dabei eine Heizleistung von 1,2 Kilowatt. Berechnen Sie den Widerstand.

Geg.: $U = 230\text{V}$; $P = 1{,}2 \text{ kW} = 1200 \text{ W}$

Ges.: R

Lösung:

$$P = \frac{U^2}{R}$$

$$R = \frac{U^2}{P} = \frac{(230\text{V})^2}{1200\text{W}} = 44{,}1\Omega$$

Zusatzaufgabe:

Der Heizdraht besteht aus Konstantan $\varrho = 0{,}49\,\Omega\text{mm}^2/\text{m}$ mit Querschnitt $0{,}25\text{mm}^2$. Wie lang ist der Draht?

Lösung:

$$R = \frac{\varrho \cdot l}{A}$$

$$l = \frac{R \cdot A}{\varrho} = \frac{44{,}1\Omega \cdot 0{,}25\text{mm}^2}{0{,}49\,\dfrac{\Omega \cdot \text{mm}^2}{\text{m}}} = 22{,}5\text{m}$$

Die elektrische Arbeit oder Energie ist das Produkt der elektrischen und der benötigten Zeit.

$$W = E_{\text{elektr.}} = P \cdot t$$

Gängige Einheiten sind Wattsekunde [Ws] oder Kilowattstunde [kWh]. Der Stromzähler misst immer die elektrische Energie.

11.3.2 Bei Wechselstrom

Ist das Widerstandsverhalten unabhängig von der Spannung (U) und der Stromstärke (I) sowie der Frequenz (f) bezeichnet man diesen Widerstand als rein ohmschen Widerstand. Die Leistung eines solchen Widerstands ist bei Gleich- und Wechselstrom gleich groß und beträgt $U \cdot I$. Strom und Spannung verlaufen zeitlich gleich, also $\varphi = 0$. Bei induktiven bzw. kapazitiven Widerständen tritt eine Phasenverschiebung, $\varphi \neq 0$, zwischen Spannung und Strom auf und wird auch als Blindleistung bezeichnet.

Die nutzbare Wirkleistung berechnet sich dann mit:

$$P = U \cdot I \cdot \cos\varphi$$

$\cos\varphi$ wird Leistungsfaktor genannt. Er findet sich beispielsweise auf Typschildern von Elektromotoren und gibt das Verhältnis von Wirkleistung zu Scheinleistung an. Man strebt somit $\cos\varphi = 1$ an.

Beispiel:

Ein Wechselstrommotor liegt am öffentlichen Netz an und hat eine Nennleistung von 0,2 kW bei einer Stromstärke von 1200 mA.. Wie groß ist sein Leistungsfaktor und sein Wirkungsgrad, wenn ihm 240 W zugeführt werden.?

Geg.: $U = 230$ V (Warum, steht nicht in der Aufgabenstellung); $P = 0,2$ kW $= 200$ W; $I = 1200$ mA $= 1,2$ A, $P_{\text{zu}} = 240$ W

Ges.: $\cos\varphi$

Lösung:

$$P = U \cdot I \cdot \cos\varphi$$

$$\cos\varphi = \frac{200}{230 \cdot 1,2} = 0,72.$$

Wirkungsgrad: $\eta = \dfrac{P_{ab}}{P_{zu}} = \dfrac{200\,W}{240\,W} = \dfrac{5}{6} = 83,3\%$

11.3.3 Bei Drehstrom

Drehstrom, auch bekannt als Dreiphasenwechselstrom, ist eine Form des Wechselstroms, bei der drei zueinander phasenverschobene Wechselspannungen wirken. Konkret heißt das: Drei Spulen werden in einem Generator in gleichen Abständen kreisförmig angeordnet. In ihrer Mitte rotiert ein *Daut = 20sermagnet)*, der in jeder Spule Spannung induziert.

In Häusern werden Backöfen oder auch Saunakabinen mittels Drehstrom angeschlossen. Wenn alle 3 Phasen angeschlossen sind, ergibt sich für die elektrische Leistung:

$$P = U \cdot I \cdot \sqrt{3} \cdot \cos\varphi$$

Das bedeutet, dass aus 230 V annähernd 400 V generiert werden.

Beispiel:

Ein hydraulisches Hubgerät bringt eine Last von 0,5 t in 20 s auf eine Höhe von 4 m. Bestimme die erforderlich elektrische Antriebsleistung, wenn alle mechanischen und elektrischen Verluste 30% betragen.

Berechnen Sie anschließend die Stromaufnahme des Drehstrommotors, der mit einer Frequenz von 50 Hz betrieben wird und einen Leistungsfaktor von 0,83 aufweist.

Geg.: $m = 0,5$ t $= 500$ kg; $t = 20$ s; $h = 4$ m; $\eta = 100\% - 30\% = 70\% = 0,7$; $\cos\varphi = 0,83$; $U = 400$ V; die Frequenz ist eine zusätzliche Angabe, die aber nicht benötigt wird.

Lösung:

$$P_{ab} = \frac{m \cdot g \cdot h}{t} = \frac{500\text{kg} \cdot 9,81\frac{\text{m}}{\text{s}^2} \cdot 4\text{m}}{20\text{s}} = 981\frac{\text{N} \cdot \text{m}}{\text{s}} = 981\text{W}$$

$$\eta = \frac{P_{ab}}{P_{zu}}$$

$$P_{zu} = \frac{P_{ab}}{\eta} = \frac{981\text{W}}{0,7} = 1401,4\text{W} = 1,4\text{kW}$$

Dies entspricht der elektrischen Leistung P_{el}.

$$P_{el} = U \cdot I \cdot \sqrt{3} \cdot \cos\varphi$$

$$I = \frac{P_{el}}{U \cdot \sqrt{3} \cdot \cos\varphi} = \frac{1400\text{W}}{400\text{V} \cdot \sqrt{3} \cdot 0,83} = 2,4\text{A}$$

12 FESTIGKEITSLEHRE

Mit Hilfe der Festigkeitslehre können Bauteile, z. B. Getriebewellen dimensioniert werden. Damit ist es möglich, vorhandene Spannungen im Bauteil zu berechnen und diese mit zulässigen Spannungen zu vergleichen. Sind die vorhandenen Spannungen größer als die zulässigen, muss entweder größer dimensioniert oder ein anderer („festerer") Werkstoff verwendet werden, evtl. müssen auch beide Parameter angepasst werden.

12.1 GRUNDBEANSPRUCHUNGSARTEN

Zu den Grundbeanspruchungsarten gehören Zug, Druck, Abscherung, Biegung und Torsion.

Äußere auf ein Bauteil wirkende Kräfte belasten dieses und führen in der Regel zu Bauteilverformungen. Dieser Zusammenhang wird anhand einer Zugbeanspruchung im Spannungs-Dehnungs-Diagramm, siehe auch Abbildung 12-1, dargestellt.

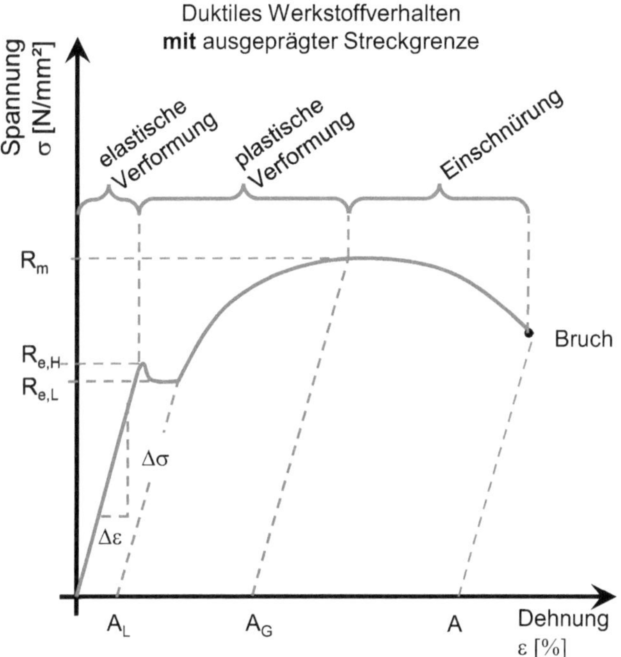

Abbildung 12-1: Spannungs-Dehnungs-Diagramm eines Baustahls

Abbildung 12-1 zeigt das Diagramm für einen normalen Baustahl.

Es wird dabei die Spannung σ über der Dehnung ε aufgetragen.

Die Spannung ist der Quotient aus äußerer Kraft und beanspruchter Querschnittsfläche und besitzt somit die Einheit [N/mm²]. Die Dehnung ist dimensionslos und wird in % angegeben.

Wichtige Punkte sind:

- R_m: Zugfestigkeit; höchster Punkt = höchste ertragbare Spannung
- R_e: Streckgrenze; wichtigster Kennwert, bei dem der Werkstoff zu „flie-ßen" beginnt. Das gilt für alle zähen Werkstoffe.

12.1.1 ZUGBEANSPRUCHUNG (ZUG)

Abbildung 12-2 zeigt dies schematisch an einem stabförmigen Bauteil.

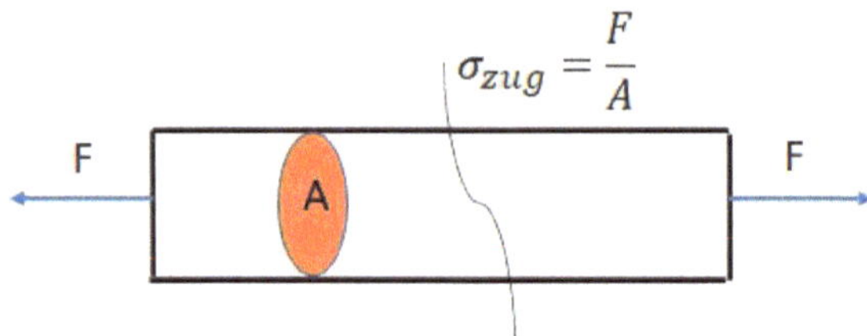

Abbildung 12-2: Auf Zug beanspruchtes Bauteil

Die Zugspannung wirkt im Innern des Querschnitts und errechnet sich mit:

$$\sigma_{zvorh} = \frac{F}{A}$$

F ist dabei die auf dem Querschnitt senkrecht stehende wirkende Kraft.

σ_{zvorh} bedeutet die tatsächlich vorhandene wirkende Spannung

Diese Spannung muss stets kleiner sein als die zulässige Spannung, die sich aus einem Werkstoffkennwert, meist die Streckgrenze (R_e) und einer sogenannten Sicherheitszahl (v) ergibt.

Dabei gilt:

$$\sigma_{zzul} = \frac{R_e}{v}$$

Die Sicherheitszahl muss immer >1 sein. Je nach Anwendungsfall liegt diese zwischen $1,5 < v < 4$. Ketten und Seile werden auf Zug beansprucht.

Beispiel:

Ein schwere Rundgliederkette für einen Kran aus SJR 235 wird mit 10 kN belastet. Wie groß muss der Durchmesser der Kettenglieder gewählt werden, wenn die Sicherheitszahl $\nu = 2{,}5$ beträgt, siehe Abbildung 12-3.

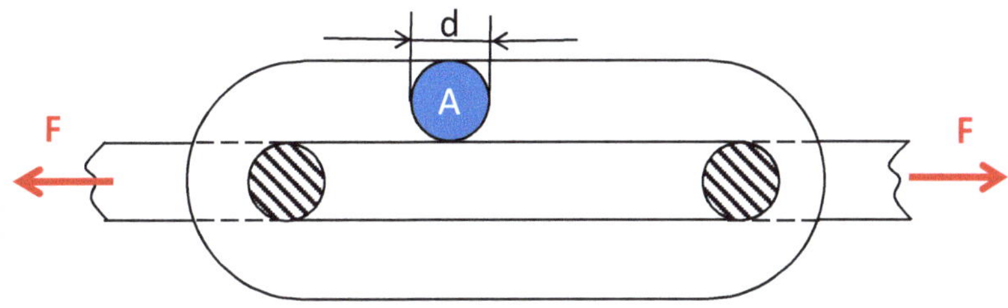

Abbildung 12-3: Auf Zug beanspruchtes Kettenglied

Geg: $R_e = 235$ N/mm^2; $F = 10$ kN; $\nu = 2{,}5$;

Ges.: d_{erf}

Lösung:

$$\sigma_{zzul} = \frac{R_e}{\nu} = \frac{235\,\frac{N}{mm^2}}{2{,}5} = 94\,\frac{N}{mm^2}$$

$$\sigma_{zvorh} = \frac{F}{A} = \sigma_{zzul}$$

$$A = \frac{F}{\sigma_{zzul}} = \frac{10.000\,N}{94\,\frac{N}{mm^2}} = 106{,}4\,mm^2 = 2 \cdot \frac{\pi \cdot d^2}{4},$$

da zwei Querschnittsflächen die Zugbeanspruchung aufnehmen.

$$d_{erf} = \sqrt{\frac{2 \cdot A}{\pi}} = 67{,}7\,mm$$

Beispiel:

Ein Flachstahl mit einer Streckgrenze von 265 N/mm²

mit den Abmessungen 40 x15 mm, wird mit 45 kN auf Zug belastet.

Wie groß ist die Sicherheitszahl?

Lösung:

$$\sigma_{zvorh} = \frac{F}{A} = \frac{45000}{40 \cdot 15} = 75 \frac{N}{mm^2}$$

$$\nu = \frac{R_e}{\sigma_{zvorh}} = 3{,}5 > 1$$

12.1.2 Druckbeanspruchung (Druck)/Flächenpressung

Eine Beanspruchung auf Druck lässt sich mit der gleichen Formel wie die für Zug berechnen, also:

$$\sigma_{Dvorh} = \frac{F}{A}$$

Lediglich wird der Index Z durch D für Druck ersetzt. Der Werkstoffkennwert bei Druckbeanspruchung, der als Bezugswert genommen wird, ist die Druckfestigkeit σ_{DF}.

$$\sigma_{Dzul} = \frac{\sigma_{DF}}{\nu}$$

Abbildung 12-4 zeigt das schematisch an einem stabförmigen Bauteil.

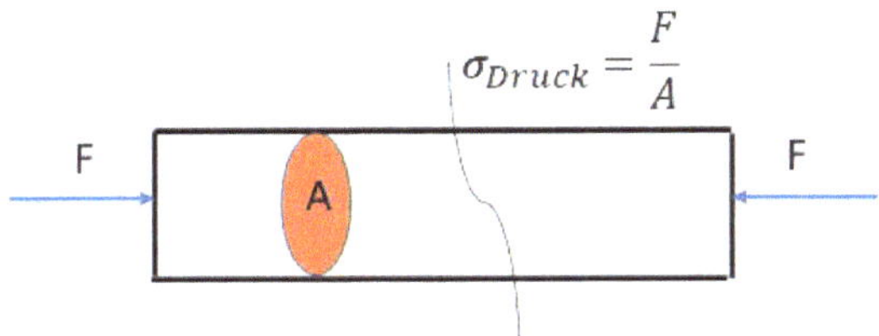

Abbildung 12-4: Auf Druck beanspruchtes Bauteil

Vergleichbar mit einer Druckbeanspruchung ist die Beanspruchung auf Flächenpressung, die beispielsweise bei Wellenenden an den Lagerzapfen auftritt. Dabei ist die projizierte Fläche zu berechnen und einzusetzen. Es gilt:

$$A_{\text{proj.}} = d_{\text{Welle}} \cdot l_{\text{Zapfen}}$$

Die Werte für die zulässige Flächenpressung entnimmt man Tabellenwerken, z. B. Roloff Matek.

12.1.3 BEANSPRUCHUNG AUF ABSCHEREN

Diese Beanspruchungsart tritt z. B. beim Scherschneiden (Blechschere) oder Stanzen auf. Auch Nieten oder Stifte werden auf Abscherung beansprucht.

Abbildung 12-5 zeigt zwei Beispiele.

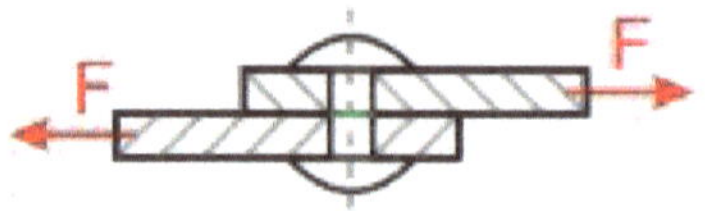

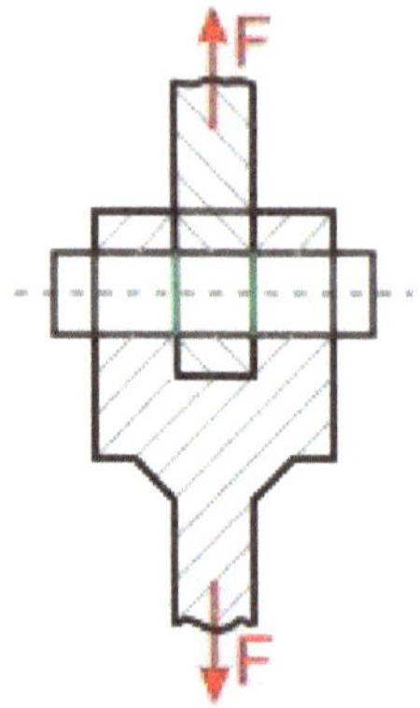

Abbildung 12-5: Auf Abscherung beanspruchte Bauteile

Bei der obigen Verbindung wird ein Querschnitt der Niete auf Abscheren beansprucht, unten werden 2 Querschnitte des Bolzens auf Abscheren beansprucht. Dies wird auch zweischnittige Verbindung genannt.

Auch die vorhandene, also tatsächlich wirkende, Scherspannung wird auch mit:

$$\tau_{\mathrm{avorh}} = \frac{F}{A}$$

Der Werkstoffkennwert gegen den geprüft werden muss, ist die sogenannte Scherfestigkeit τ_{aB}. Bei Stählen wird diese mit

$$\tau_{\mathrm{aB}} = 0{,}8 \cdot R_{\mathrm{m}}$$

angesetzt. Bei Gusseisen gilt: $\tau_{\mathrm{aB}} = 1{,}1 \cdot R_{\mathrm{m}}$.

R_{m} ist dabei die Zugfestigkeit des Werkstoffs.

Die zulässige Scherspannung wird wie folgt berechnet:

$$\tau_{\mathrm{azul}} = \frac{\tau_{\mathrm{aB}}}{\nu}$$

Beispiel: Die obige sogenannte einschnittige (da nur ein Querschnitt abgeschert wird) Nietverbindung aus Stahl wird mit 8 kN belastet. Die Zugfestigkeit beträgt 370 N/mm² Die Werkstückdicke der beiden gleich starken Bleche beträgt s = 8 mm. Wie groß ist der Nietdurchmesser zu wählen, wenn eine 2-fache Sicherheit gefordert wird.

Geg.: F = 8 kN = 8000 N; R_m = 370 N/mm²; ν = 2; (s = 8 mm; wird nicht benötigt)

Ges.: d_Niet

Lösung:

$$\tau_\text{aB} = 0{,}8 \cdot R_\mathrm{m} = 0{,}8 \cdot 370 = 296 \, \frac{\text{N}}{\text{mm}^2}$$

$$\tau_\text{azul} = \frac{\tau_\text{aB}}{\nu} = \frac{296}{2} = 148 \, \frac{\text{N}}{\text{mm}^2} = \tau_\text{avorh}$$

$$A = \frac{F}{\tau_\text{avorh}} = \frac{8000\text{N}}{148 \, \frac{\text{N}}{\text{mm}^2}} = 54{,}1 \text{mm}^2$$

$$A = 0{,}785 \cdot d_\text{Niet}^2$$

$$d_\text{Niete} = \sqrt{\frac{A}{0{,}785}} = \sqrt{68{,}86 \text{mm}^2} = 8{,}3 \text{mm}$$

Beispiel:

Das in Abbildung 12-6 gezeigte Stahlblech soll in einem Stanzvorgang hergestellt werden. Die obere und untere Kante werden dabei **nicht** beschnitten. Die höchstzulässige Schneidkraft beträgt 85 kN. Die Zugfestigkeit beträgt 360 -380 N/mm² Berechnen Sie die maximal zulässige Blechdicke.

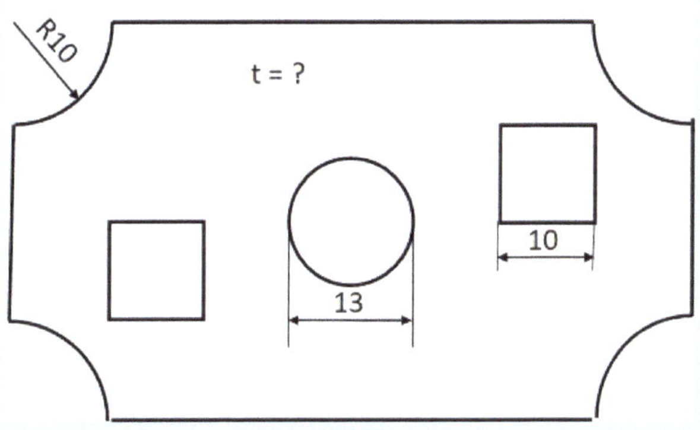

Abbildung 12-6: Stanzteil I

Lösung:

Zunächst muss die gesamte Schnittlänge berechnet. Diese setzt sich aus 4 Viertelkreisen, einem Vollkreis und 2 Quadraten zusammen. Es ergibt sich:

$$l_{ges} = 4 \cdot \frac{\pi}{4} \cdot 20 + \pi \cdot 13 + 2 \cdot 4 \cdot 10 = \pi \cdot (20 + 13) + 80 = 183{,}7\,\text{mm}$$

Für die Berechnung der Scherfestigkeit benötigen wir die Zugfestigkeit, bei der wir den Mittelwert wählen, also 370 N/mm².

$$\tau_{aB} = 0{,}8 \cdot R_m = 0{,}8 \cdot 370 = 296\,\frac{\text{N}}{\text{mm}^2} = \frac{F}{A}$$

$$A = l_{ges} \cdot t = \frac{F}{\tau_{aB}} = \frac{85.000\,\text{N}}{296\,\dfrac{\text{N}}{\text{mm}^2}} = 287{,}2\,\text{mm}^2$$

$$t = \frac{287{,}2\,\text{mm}^2}{183{,}7\,\text{mm}} = 1{,}56\,\text{mm}$$

In diesem Fall abrunden, um auf der sicheren Seite zu sein $t = 1{,}5$ mm.

Es wird noch ein weiteres Beispiel zur Berechnung der Scherfläche gezeigt.

Beispiel:

Berechne die farbig eingezeichnete Schnittfläche für das 3mm dicke Stahlblech von Abbildung Abbildung 12-7, wenn a = 25 cm beträgt.

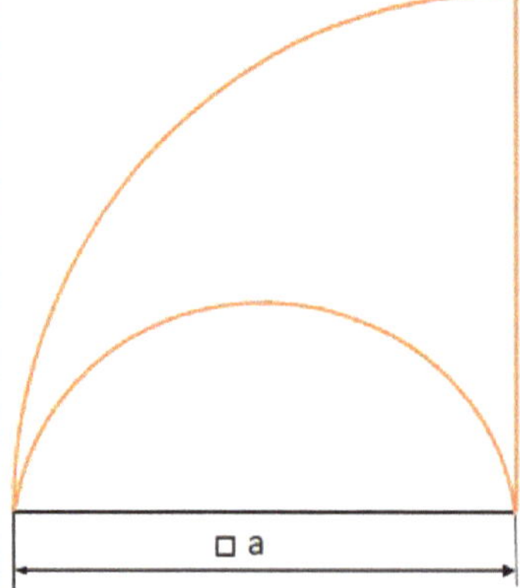

Abbildung 12-7: Stanzteil II

Lösung:

Es handelt sich um eine quadratische Form ($\square$).

Die gesamte Schnittlänge beträgt:

$$l_{ges} = \frac{\pi}{2} \cdot a + a + \frac{\pi}{4} \cdot 2a = a \cdot \left(\frac{\pi}{2} + 1 + \frac{\pi}{2}\right) = a \cdot (\pi + 1) =$$

$$250 \cdot 4{,}14 = 1035 \text{mm}$$

$$A = l_{ges} \cdot t = 3105 \text{mm}^2$$

12.1.4 BEANSPRUCHUNG AUF BIEGUNG

Achsen bzw. Wellen werden im Betrieb auch aufgrund ihres Eigengewichtes auf Biegung beansprucht. Ein Beispiel dafür sind Achsen von Eisenbahnwaggons.

Abbildung 12-8 soll schematisch eine solche Achse mit äußerer Belastungskraft F darstellen.

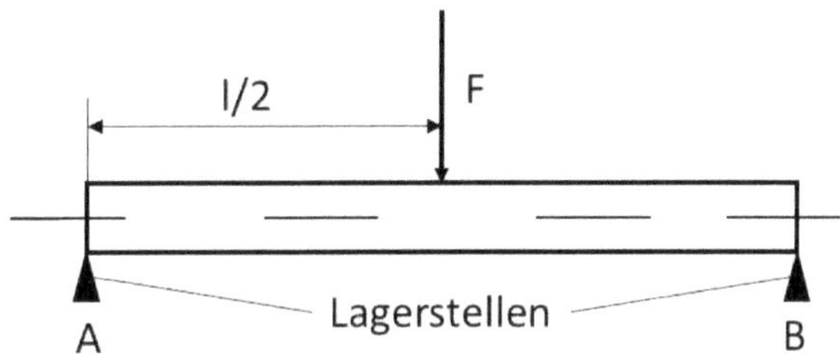

Abbildung 12-8: Auf Biegung belastete Waggonachse

Die Kraft F soll das Eigengewicht des Waggons darstellen und mittig an der Achse angreifen. Die Achse verbiegt sich auf Grund der äußeren Belastung. Die dadurch entstehende tatsächlich vorhandene Biegespannung wird mit σ_b bezeichnet und berechnet sich mit der folgenden Formel zu:

$$\sigma_b = \frac{F \cdot l}{W_b}$$

Dabei stellt l den Abstand der äußeren Kraft zum Lager A dar, also $l/2$. W_b ist das sogenannte axiale Widerstandsmoment und berechnet sich je nach vorliegendem Querschnitt. Bei kreisförmigem Querschnitt ist

$$W_b = \frac{\pi \cdot d^3}{32}$$

Weitere Werte für andere Querschnitte finden sich z. B. bei Roloff/Matek.

Beispiel:

Die obige Achse wird mit 10kN belastet. Die Gesamtlänge der Achse beträgt 1435 mm, der Durchmesser 10 cm.

Wie groß ist die tatsächlich vorhandene Biegespannung?

$$\sigma_{bvorh} = \frac{F \cdot l}{W_b} = \frac{32 \cdot F \cdot l}{\pi \cdot d^3} = \frac{32 \cdot 10.000 \cdot 1435}{\pi \cdot 100^3} = 146{,}2 \frac{N}{mm^2}$$

Diese vorhandene Spannung muss, analog zu den anderen Beanspruchungsarten, natürlich auch immer kleiner sein als die zulässige Biegespannung, die ebenfalls eine Sicherheitszahl berücksichtigt.

12.1.5 BEANSPRUCHUNG AUF TORSION

Diese Art der Beanspruchung tritt beispielsweise bei Getriebewellen auf, die durch ein Antriebsdrehmoment auf Verdrehung beansprucht werden. Die dadurch hervorgerufene Torsionsspannung ist dabei am Rand des Bauteils am größten. In der Wellenachse bleibt das Bauteil unverformt. Die vorhandene Torsionsspannung τ_t errechnet sich mithilfe von:

$$\tau_{tvorh} = \frac{Torsionsmoment\ M_T}{polares\ Widerstandsmoment\ W_p} \leq \tau_{tzul}$$

Bei angetriebenen Wellen ist das Torsionsmoment gleich dem von der Welle zu übertragenden Moment $M = P/2 \cdot \pi \cdot n$. Das polare Widerstandsmoment kann man aus Tabellenwerken nachschlagen, z. B. Roloff/Matek und ist vom Querschnitt abhängig. Bei kreisförmigen Querschnitten wird es mit:

$$W_p = \frac{\pi \cdot d^3}{16}$$

errechnet. Auch hier muss der Nachweis geführt werden, dass die vorhandene Torsionsspannung kleiner ist aus die zulässige.

Beispiel:

Ein runder Einsatzstahl 20MnCr5 (Durchmesser 10 mm) mit einer zulässigen Torsionsspannung von 335 N/mm² wird mit einem Torsionsmoment belastet.

Wie groß darf dieses maximal werden?

Geg.: $\tau_{tzul} = 335$ N/mm²; d = 10 mm

Ges.: $M_{t\,max}$

Lösung:

$$\frac{M_t}{W_p} = \tau_{tzul}$$

$$M_{tmax} = \frac{\pi \cdot 16 \cdot \tau_{tzul}}{d^3} = \frac{\pi \cdot (10\text{mm})^3 \cdot 335\frac{\text{N}}{\text{mm}^2}}{16} = 65.777,1\text{Nmm}$$

$$M_{tmax} = 65,8\text{Nm}$$

13 GRUNDLAGEN DER STATISTIK

Um belastbare Aussagen zu technischen Fragestellungen tätigen zu können, ist es oft erforderlich, eine statistische Erhebung durchzuführen. Dabei wird im Rahmen einer Stichprobe ein ganz bestimmtes Merkmal untersucht.

Dazu ein Beispiel:

Sie wollen wissen, wie oft Sie eine metallene Büroklammer um 180° aufbiegen können, bis sie versagt. Es werden 10 Büroklammern auf diese Weise getestet und aufnotiert, wie oft der innere Teil der Büroklammer auf 180° auf- und auf 0° zurückgebogen werden kann. Tabelle 13-1 enthält die Ergebnisse

Tabelle 13-1: Ergebnisse des Biegeversuches

Versuch Nr.	Zyklenzahl bei 180° Biegung	Versuch Nr.	Zyklenzahl bei 90° Biegung
1	29	11	66
2	20	12	78
3	22	13	52
4	11	14	41
5	15	15	58
6	45	16	127
7	14	17	96
8	7	18	176
9	22	19	193
10	15	20	234

13.1 WICHTIGE BEGRIFFE UND MERKMALE

Wie jedes Fachgebiet bedient sich auch die Statistik eines spezifischen Wortschatzes. Im Folgenden werden die wichtigsten Begriffe erläutert.

Wahrscheinlichkeit:
Was bedeuten 10% Wahrscheinlichkeit eines Produktausfalls? Das bedeutet, dass ein Ausfall von 10% der Teile wahrscheinlicher ist als ein Ausfall von 20% der Teile. Es könnten allerdings auch 12% sein oder 7%. Erst bei sehr großen Zahlen werden die realen Ausfallzahlen immer stärker zu den 10% tendieren.

Merkmalswert

Der Merkmalswert t ist der Messwert, welcher statistisch ausgewertet werden soll. Dies kann im Falle der Zuverlässigkeit eine gemessene Zugfestigkeit, Dauerfestigkeit oder Zyklenzahl sein.

Grundgesamtheit

Bei der Grundgesamtheit handelt es sich um alle möglichen Messwerte des Merkmalswertes. Dies beinhaltet im Beispiel der gemessenen Zugfestigkeit eines Werkstoffes wirklich alle möglichen Zugfestigkeiten dieses Werkstoffes. Eine messtechnische / experimentelle Ermittlung der Grundgesamtheit ist auf Grund der Anzahl der nötigen Versuche im Bereich der Ingenieurtechnik selten möglich. Ausnahmen sind hier die Messung von Merkmalen in der Fertigung.

Stichprobe

Es wird versucht auf Basis der Messung einer Stichprobe auf die Grundgesamtheit zu schließen. Wenn dies möglich ist, weil die Stichprobe und die Grundgesamtheit vergleichbare Eigenschaften haben, spricht man von einer repräsentativen Stichprobe.

Die Stichprobe ist der Umfang der gemessenen Merkmalswerte. Sie ist ein Teil der Grundgesamtheit. Mit steigender Stichprobenanzahl wird die Schätzung der Grundgesamtheit immer genauer. Neben der Größe der Stichprobe spielt vor allem die Qualität eine Rolle!

Skalen von Daten

Die Statistik versucht generell Daten auszuwerten. Dabei spielt es zunächst keine Rolle, ob es sich bei den Daten um Zahlen oder andere Größen handelt. Die Statistik kennt drei wichtige Arten von Daten, metrisch, ordinal oder nominal skalierte Daten (Tabelle 13-2).

Tabelle 13-2: Arten von Daten und deren Skalenniveau

Beispiel	Größe	Art und Skala	Güte
Alter Länge eines Bauteils	Beliebige nicht ganzzahlige Werte	Stetige oder kontinuierliche (metrische Skala)	sehr hoch
Anzahl Kinder / Familie Noten Charge eines Bauteils	1, 2, 3, … Sehr gut, gut, … 1554, 1555, …	Abzählbar, diskret (ordinale Skala)	hoch
Haarfarbe, Fertigungsort	Rot, blond, … Indien, China, …	Kategorial (nominale Skala)	gering

Nominal skalierte Daten sind beispielsweise Kategorien wie Geschlecht, Farbe, Baugruppe oder Ähnliches. Eine nominale Skalierung ermöglicht eine eindeutige Unterscheidung zwischen den Daten. Es gibt einen eindeutigen Unterschied zwischen einem gelben und einem grünen Bauteil. Die Ausprägung nominal skalierter Daten kann eine beliebige Anzahl an Kategorien umfassen. Eine statistische Auswertung von nominal skalierten Daten ist möglich, besitzt allerdings die geringste Güte.

Ordinal skalierte Daten sind beispielsweise Schulnoten oder Klassierungen. Hierbei ist neben der eindeutigen Kennzeichnung zusätzlich noch eine Sortierung der Daten möglich. Die Schulnote gut ist besser als befriedigend. Damit ist die Aussagegüte ordinal skalierter Daten höher. Es kann eine eindeutige Rangordnung hergestellt werden. Typisch hierfür sind Umfragen z.B. bezüglich der Produktqualität (hoch, mittel oder gering) oder der Kundenzufriedenheit (sehr gut, gut, befriedigend, unbefriedigend).

Tabelle 13-3: Versuchswerte der Lebensdauern der Büroklammern bei einem Biegewinkel von 180°. Links: Sortiert nach der Versuchsreihenfolge, rechts: Sortiert nach der Größe der Lebensdauern.

Versuch Nr.	Lebensdauer (Anzahl Zyklen t_i)	Rang i	Versuch Nr.	Lebensdauer (Anzahl Zyklen t_i)
1	29	1	8	7
2	20	2	4	11
3	22	3	7	14
4	11	4	5	15
5	15	5	10	15
6	45	6	2	20
7	14	7	3	22
8	7	8	9	22
9	22	9	1	29
10	15	10	6	45

Metrisch skalierte Daten sind etwa Messwerte wie Längenmessungen. Bei diesen Daten ist neben der eindeutigen Ausprägung (Länge = 15,43 mm) und der Sortierung der Daten (Länge 1 =15,43 mm ist größer als Länge 2 = 14,82 mm) auch noch der Abstand zwischen den Werten eindeutig bekannt (Länge 1 – Länge 2 = 0,61 mm). Deshalb besitzen metrische Daten die höchste Datengüte.

Aus den oben genannten Gründen sollte immer versucht werden metrisch skalierte Daten zu nutzen. Diese haben die höchste Aussagegüte. Beschreibung der mittleren Werte und Streuungen

Einen ersten Eindruck über die Verteilung von Versuchsergebnissen kann man mit relativ einfachen Maßzahlen erreichen. Im Wesentlichen interessieren hier Kennwerte zur Beschreibung der im Mittel erreichten Messwerte (der Lage der Verteilung der Messwerte → Lageparameter) und Kennwerte zur Beschreibung der Streuung der Messwerte (der Form der Verteilung der Messwerte → Formparameter). Zusätzlich werden noch die wichtigsten Wahrscheinlichkeiten genannt. Beschrieben werden diese Parameter am Beispiel der gemessenen Lebensdauern der Büroklammern bei einem Biegewinkel von 180° aus dem Beispiel von Tabelle 13-3.

13.1.1 DER MITTELWERT (LAGE)

Der Mittelwert $\bar{t}$ (mathematisch: empirischer arithmetischer Mittelwert) berechnet sich aus den Versuchsergebnissen t_i und der Anzahl n der Versuche:

$$\bar{t} = \frac{t_1 + t_2 + \cdots + t_n}{n} = \frac{\sum_{i=1}^{n} t_i}{n}$$

Hier lässt sich auch sehr bequem EXCEL mit der Funktion „MITTELWERT" ein-setzen.

$$\text{EXCEL: } = \text{MITTELWERT}(t_1; \, t_2; \, \dots t_n)$$

Er repräsentiert damit den Mittelwert der Stichprobe. Wird die Grundgesamtheit an-genommen, dann wird $\bar{t}$ durch μ ersetzt.

Den Mittelwert kann man sich als Schwerpunkt der Versuchswerte vorstellen, wenn jedem Versuchspunkt eine Masse zuordnet wird. Damit reagiert der Mittelwert sehr anfällig auf Ausreißer. Abbildung 13-1 zeigt noch einmal anschaulich den Mittelwert.

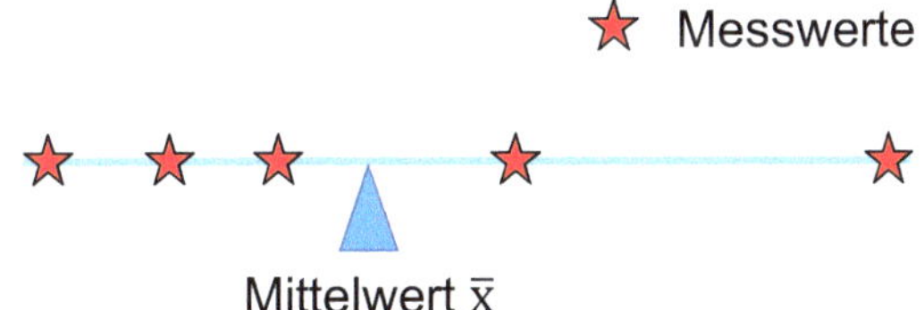

Abbildung 13-1: Visualisierung des Mittelwertes

Erklärung am Beispiel der Lebensdauern der Büroklammern:

Bezogen auf die Lebensdauern der Büroklammern aus obiger Tabelle 13-3 ist der Mittelwert

$$\bar{t} = \frac{t_1 + t_2 + \cdots + t_{10}}{n} = \frac{29 + 20 + \cdots + 15}{10} = 20 \text{ Zyklen}$$

13.1.2 Der Median (Lage)

Robuster gegenüber Ausreißern ist der Median. Unterhalb des Medians liegen genauso viele Versuchswerte wie oberhalb. Er teilt die Stichprobe in zwei gleichgroße Teile. Da der Median an der zentralen Stelle der Versuche steht, wird er auch als Zentralwert bezeichnet.

Dazu ein Beispiel:

Angenommen, Sie suchen sich gerade einen neuen Job und würden gerne so viel wie möglich verdienen. Aus diesem Grund betrachten sie die Einkommensstatistik von Deutschland. Hier fällt eine Stadt besonders auf: Heilbronn, die Stadt mit dem höchsten Pro Kopf Einkommen. Im Schnitt verdient hier jeder Einwohner 41 707 € / Jahr (Netto!). Der bundesweite Durchschnitt liegt bei 21 117 € / Jahr (Netto). Die Entscheidung fällt also leicht. Sie suchen sich einen Job in Heilbronn, denn hier verdient man fast doppelt so viel wie im Bundesdurchschnitt[1]. 

Aber Halt! Eine genauere Betrachtung der Einkommensverteilung bringt die Ursachen ans Tageslicht. In Heilbronn wohnt Dieter Schwarz. Eigentümer von Lidl und Kaufland und reichster Mann Deutschlands mit einem geschätzten Vermögen von 17 Milliarden €. Sein Einkommen alleine verzerrt die Statistik derart, dass der Mittelwert keine vernünftige Aussage liefert! Das Einkommen von Hr. Schwarz ist also ein „Ausreißer".

Zur Ermittlung des Medians $\tilde{t}$ werden die Versuchswerte der Größe nach vom kleinsten t_1 zum größten Wert t_n sortiert (vgl. Tabelle 13-3, rechts). Der Median ist der Wert, für den genau 50% der Werte kleiner und 50% der Werte größer sind. Bei einer ungeraden Anzahl von Versuchen ist der Versuchswert des mittleren Ranges der Median. Im Falle einer geraden Versuchsanzahl ist der Median der Mittelwert der beiden mittleren Ränge. Im Falle von fünf Messwerten ist der Median also der drittgrößte Messwert vgl. folgende Tabelle).

Rang i	Versuch Nr.	Lebensdauer (Anzahl Zyklen t_i)
1	8	7
2	4	11
3	7	14
4	5	15

---

[1] Stand 2014: https://www.finanzen100.de/finanznachrichten/wirtschaft/heilbronn-fuehrt-das-staedteranking-an-in-dieser-deutschen-stadt-verdient-jeder-einwohner-im-schnitt-41-000-euro-netto_H1070365865_332802/

5	10	15
6	2	20
7	3	22
8	9	22
9	1	29
10	6	45

Median

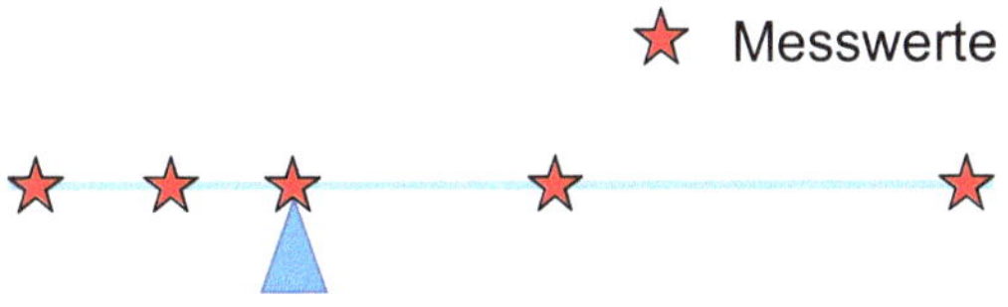

Abbildung 13-2: Visualisierung des Medians

Mathematisch wird der Median folgendermaßen berechnet:

$$\tilde{t} = \eta = \begin{cases} \dfrac{1}{2}\left(t_{n \cdot 0,5} + t_{n \cdot 0,5+1}\right), & \text{wenn } n = \text{gerade Zahl} \\[2mm] t_{\lfloor n \cdot 0,5+1 \rfloor}, & \text{wenn } n = \text{ungerade Zahl} \end{cases}.$$

Wieder mit EXCEL:

EXCEL: = MEDIAN(t_1; t_2; ... t_n)

Dabei ist n der Stichprobenumfang und $\lfloor t \rfloor$ die Abrundungsfunktion. Das bedeutet, dass mit dieser Funktion der Wert t immer abgerundet wird. Es ist also für $\lfloor t = 2,7 \rfloor = 2$ oder $\lfloor t = 21,01 \rfloor = 21$.

Erklärung am Beispiel der Lebensdauern der Büroklammern:

Für das Beispiel berechnet sich der Median der Lebensdauern der Büroklammern aus dem Mittelwert des Ranges 5 und 6:

$$\tilde{t} = \frac{t_5 + t_6}{2} = \frac{15 + 20}{2} = 17,5 \text{ Zyklen}$$

Neben Mittelwerten interessiert auch, wie stark die Werte streuen, also voneinander abweichen. Dazu werden verschiedene Formparameter genutzt.

13.1.3 DER MODUS ODER MODALWERT

Dieser gibt an, welche **Werte** oder **Merkmale** in einer Datenreihe **am häufigsten** vorkommen. Kommen zwei Merkmale gleich oft vor, ist die Datenreihe **bimodal**, bei mehr als zwei Merkmalen ist sie **multimodal**.

In einem Diagramm kannst Du den Modalwert meist auf einen Blick erkennen, denn er ist an der Stelle des größten Ausschlags. In unserem obigen Beispiel Tabelle S. 78 ist das 22 (Zyklen). Die Häufigkeit beträgt dabei 2.

13.1.4 DIE SPANNWEITE (STREUUNG)

Um sich einen Eindruck zu verschaffen, wie stark die Messwerte auseinander liegen bildet man die Spannweite R. Das ist nichts anderes als die Differenz aus maximalem und minimalem Messwert:

$$R = t_{max} - t_{min}$$

Gleichzeitig ist aber die Spannweite sehr sensibel gegenüber extremen Werten in der Stichprobe. Sie reagiert also sehr stark auf Ausreißer nach oben und unten.

Erklärung am Beispiel der Lebensdauern der Büroklammern:

Für das Beispiel mit den Büroklammern berechnet sich die Streuspanne der Lebensdauern der Büroklammern aus dem kleinsten und dem größten Rang (Rang 1 und 10):

$$R = t_{max} - t_{min} = 45 - 7 = 38 \text{ Zyklen.}$$

13.1.5 DIE VARIANZ (STREUUNG)

Die Varianz der Grundgesamtheit wird verwendet, wenn tatsächlich die Grundgesamtheit ausgewertet wird. Dies ist beispielsweise der Fall, wenn im Rahmen einer Volkszählung (z. B. Zensus von 2011) die Daten aller Bürger erfasst und ausgewertet werden. In diesem Fall wurde tatsächlich die Grundgesamtheit ermittelt. Im technischen Bereich ist dies eher die Ausnahme.

Die Varianz (Formparameter) der Stichprobe

Die aus einer Stichprobe berechnete Stichprobenvarianz (s_t^2, mathematisch: empirische Varianz) ist ein Schätzwert für die Varianz der Grundgesamtheit. Bei der Berechnung der empirischen Varianz s_t^2, muss der Mittelwert $\bar{t}$ aus der Stichprobe berechnet (geschätzt) werden. Aus Sicht der Mathematik verliert man einen Freiheitsgrad. Deshalb wird nicht durch n, sondern $n - 1$ dividiert.

$$s_t^2 = \frac{\sum_{i=1}^{n}(t_i - \bar{t})^2}{n - 1}$$

oder

EXCEL: $= \text{VAR.S}(t_1;\ t_2;\ ...\ t_n)$

Erklärung am Beispiel der Lebensdauern der Büroklammern:

Für das Beispiel berechnet sich die Varianz der Lebensdauern der Büroklammern mit

$$s_t^2 = \frac{\sum_{i=1}^{n}(t_i - \bar{t})^2}{n-1} = \frac{(t_1 - \bar{t})^2 + (t_2 - \bar{t})^2 + \cdots + (t_{10} - \bar{t})^2}{n-1}$$

$$= \frac{(29 - 20)^2 + (20 - 20)^2 + \cdots + (15 - 20)^2}{10 - 1}$$

$$= 116{,}7 \text{ Zyklen}^2$$

13.1.6 DIE STANDARDABWEICHUNG (STREUUNG)

Die Standardabweichung (Formparameter) der Stichprobe

Die (empirische) Standardabweichung s_t ist die Wurzel der empirischen Varianz (auch hier wird statt durch n durch $n - 1$ geteilt):

$$s_t = \sqrt{s_t^2} = \sqrt{\frac{\sum_{i=1}^{n}(t_i - \bar{t})^2}{n-1}}$$

oder

$$\text{EXCEL: } = \text{STABW.S}(t_1; \ t_2; \ldots t_n)$$

Erklärung am Beispiel der Lebensdauern der Büroklammern:

Für unser Beispiel berechnet sich die Standardabweichung s_t der Lebensdauern der Büroklammern aus der Varianz s_t^2:

$$\sqrt{s_t^2} = \sqrt{\frac{\sum_{i=1}^{n}(t_i - \bar{t})^2}{n-1}} = \sqrt{\frac{(t_1 - \bar{t})^2 + (t_2 - \bar{t})^2 + \cdots + (t_{10} - \bar{t})^2}{n-1}}$$

$$= \sqrt{\frac{(29 - 20)^2 + (20 - 20)^2 + \cdots + (15 - 20)^2}{10 - 1}}$$

$$= 10{,}8 \text{ Zyklen.}$$

13.1.7 OBERER GRENZWERT (OGW) UND UNTERER GRENZWERT (UGW)

Diese errechnen sich auf dem arithmetischen Mittelwert und der Standardabweichung wie folgt:

$$\text{OGW} = \bar{t} + 3 \cdot s_t$$

$$UGW = \bar{t} - 3 \cdot s_t$$

13.2 WICHTIGE STATISTISCHE VERTEILUNGEN

Typische, für die Betriebsfestigkeit und Zuverlässigkeit relevante Verteilungsfunktionen sind die Normalverteilung, die logarithmische Normalverteilung und die Weibullverteilung. Mit Hilfe der Normalverteilung wird häufig die Verteilung statischer Festigkeitskennwerte wie die der Lebensdauern der Büroklammer beschrieben. Die logarithmische Normalverteilung wird überwiegend zur Bewertung der Streuungen von Lebensdauern und Schwingfestigkeitskennwerten wie der Dauerfestigkeit genutzt. Mit Hilfe der Weibullverteilung werden ebenfalls Lebensdauerversuche ausgewertet, aber auch Windgeschwindigkeiten, Strahlungen oder Ausfallraten technischer Systeme. Sie ist sehr flexibel und einfach anwendbar.

Generell beschreiben statistische Verteilungen die Verteilung von Versuchswerten, wenn die Unterschiede zwischen den Werten rein zufällig sind.

13.2.1 DICHTE- UND VERTEILUNGSFUNKTION

Für einen Techniker ist es wichtig zu wissen, wie viele Teile bis zu einem Zeitpunkt ausgefallen oder noch intakt sind. Diese Darstellung liefert das Wahrscheinlichkeitsnetz. Mit dessen Hilfe lässt sich ablesen, mit welcher Wahrscheinlichkeit z. B. die Zugfestigkeit über oder unter einem bestimmten Wert liegt.

Mathematisch gesprochen wird im Wahrscheinlichkeitsnetz die Summenhäufigkeit abgetragen. Diese ist das Integral der Dichtefunktion $f(x)$ und wird Verteilungsfunktion $F(x)$ genannt.

Nachfolgend wird in zwei Schritten der Weg von der empirischen Dichtefunktion $f^*(x)$ zur empirischen Verteilungsfunktion $F^*(x)$ beschrieben.

Schritt 1) Ermittlung der Summenhäufigkeit

Die Verteilungsfunktion baut auf der Dichtefunktion auf. Der erste Schritt besteht darin, das zugrundeliegende Histogramm zu bestimmen. Dazu werden die Versuchswerte auf der Abszisse abgetragen, die Klassen eingeteilt und die Häufigkeiten der Versuchswerte je Klasse ermittelt (oberes linkes Bild von Abbildung 13-3).

Addiert man zu der Anzahl der Versuchswerte $h_{abs}(m)$ der aktuellen Klasse m die Anzahl der Versuchswerte für alle kleineren Klassen, ergibt sich die Summenhäufigkeit $H_{abs}(m)$ (unteres linkes Bild der Abbildung 13-3).

Berechnet wird die Summenhäufigkeit $H_{abs}(m)$ der m-ten Klasse somit nach:

$$H_{abs}(m) = \sum_{i=1}^{m} h_{abs}(i), \qquad \text{mit } i: \text{Klassennummer.}$$

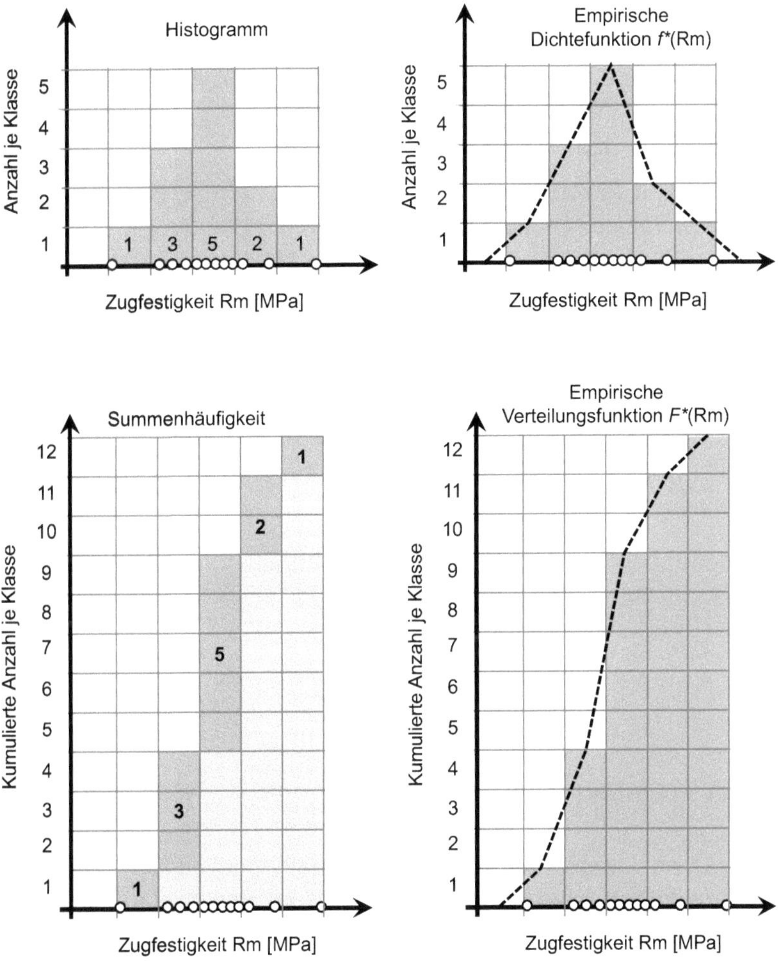

Abbildung 13-3: Von der empirischen Dichtefunktion (obere Bilder) zur empirischen Verteilungsfunktion (untere Bilder

Am Beispiel der Zugfestigkeiten aus Abbildung 13-3 berechnet sich die Summenhäufigkeit $H_{abs}(3)$ der mittlere Klasse (m = 3) wie folgt:

$$H_{abs}(3) = \sum_{i=1}^{3} h_{abs}(i) = h_{abs}(1) + h_{abs}(2) + h_{abs}(3) = 1 + 2 + 5$$

$$H_{abs}(3) = 9$$

Wird diese anstelle der absoluten Anzahl $h_{abs}(m)$ mit der relativen Anzahl $h_{rel}(m)$ gearbeitet, berechnet man die relative Summenhäufigkeit $H_{rel}(m)$ analog:

$$H_{rel}(m) = \sum_{i=1}^{m} h_{rel}(i), \qquad \text{mit i: Klassennummer.}$$

Die Summenhäufigkeit entspricht also mathematisch dem Integral der Dichtefunktion. Anschaulich beschreibt sie für das Beispiel der Zugversuche für wie viele Proben die Zugfestigkeit kleiner oder gleich einem bestimmten Wert ist.

Schritt 2) Ermittlung der Verteilungsfunktion

Analog zur Dichtefunktion liefert das Verbinden der Extremwerte jeder Klasse die empirische Verteilungsfunktion $F^*(x)$. Abbildung 13-3 illustriert dies in den rechten Bildern. Wie für die Dichtefunktion gilt auch hier, dass sich die empirische Verteilungsfunktion $F^*(x)$ mit steigendem Stichprobenumfang der idealen Verteilungsfunktion $F(x)$ annähert.

Für $n \to \infty$ bildet das Integral über die Dichtefunktion $f(x)$ die Verteilungsfunktion $F(x)$:

$$F(x) = \int_{0}^{x} f(x)dx.$$

13.2.2 DAS WAHRSCHEINLICHKEITSNETZ

Eine alternative Darstellung ermöglicht das Wahrscheinlichkeitsnetz. Es hat den Vorteil, dass die Verteilungsfunktion durch geschickte Teilung der Ordinate als Gerade dargestellt wird. Dies bedeutet, dass das Wahrscheinlichkeitsnetz immer nur für eine Verteilung gilt. Abbildung 13-3 zeigt dies für das Beispiel der gemessenen Zugfestigkeiten. Typischerweise wird immer mit der relativen Anzahl der Ausfälle gearbeitet.

Ein zusätzlicher Nutzen der Wahrscheinlichkeitsnetze liegt in der relativ einfachen Möglichkeit zur Interpretation von Versuchsdaten. Liegen die Versuchsdaten

(Stichprobe) näherungsweise auf einer Geraden, kann angenommen werden, dass die Verteilung der Grundgesamtheit der Daten der angenommenen Verteilung entspricht.

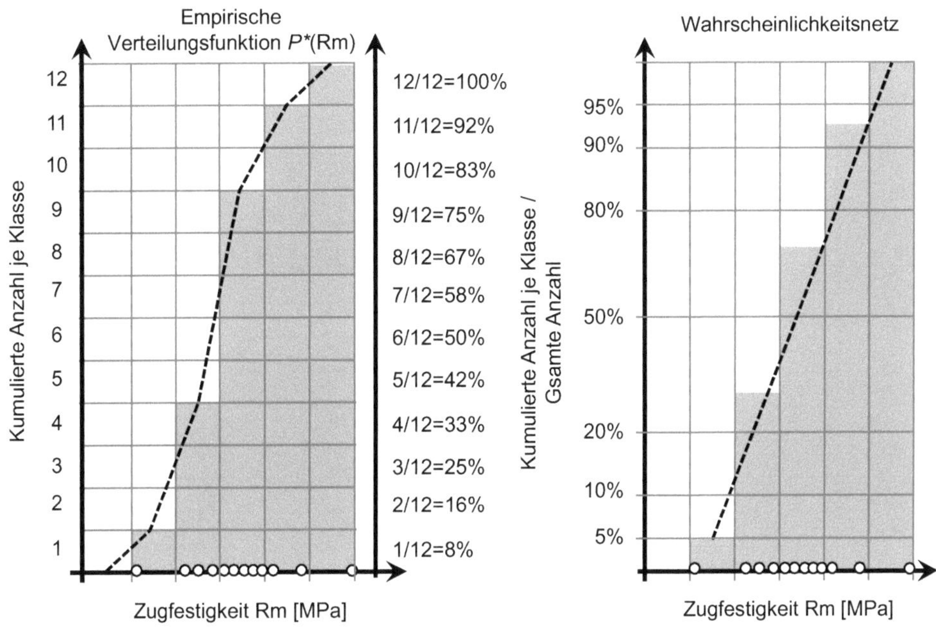

Abbildung 13-4: Schematische Darstellung der empirischen Verteilungsfunktion im Wahrscheinlichkeitsnetz

Für große Stichproben (n > 30) wird wie oben beschrieben vorgegangen [4]:

Bildung von Klassen

1. Ermittlung der relativen Klassenhäufigkeiten $h_{rel}(i)$
2. Berechnung der relativen Summenhäufigkeiten $H_{rel}(i)$ und
3. Eintragung der relativen Summenhäufigkeiten (über der oberen Klassengrenze) in das Wahrscheinlichkeitspapier.

Für kleine Stichproben (n ≤ 30) ist eine Klassenbildung nicht sinnvoll. Das bessere Vorgehen ist:

- Die Berechnung der relativen Summenhäufigkeiten $H_{rel}(i)$ erfolgt üblicherweise nach der Schätzformel von Rossow:

$$H_{rel}(i) = F^*(i) = \frac{3i - 1}{3n + 1}$$

mit i: Rang des Versuchs, n: Versuchsanzahl.

- Eintragung der relativen Summenhäufigkeit $H_{rel}(i)$ über den zugehörigen Versuchswerten im Wahrscheinlichkeitsnetz für $i = 1, ..., n$, s. Abbildung 13-5.

Tabelle 10-4: Relative Summenhäufigkeiten der gemessenen Zugfestigkeiten

Rang i	Versuch Nr.	Zugfestigkeit in MPa	Relative Summenhäufigkeit nach Rossow
1	8	359	5,4%
2	9	390	13,5%
3	1	410	21,6%
4	5	411	29,7%
5	12	425	37,8%
6	6	434	45,9%
7	11	435	54,1%
8	10	441	62,2%
9	4	444	70,3%
10	3	459	78,4%
11	7	463	86,5%
12	2	504	94,6%

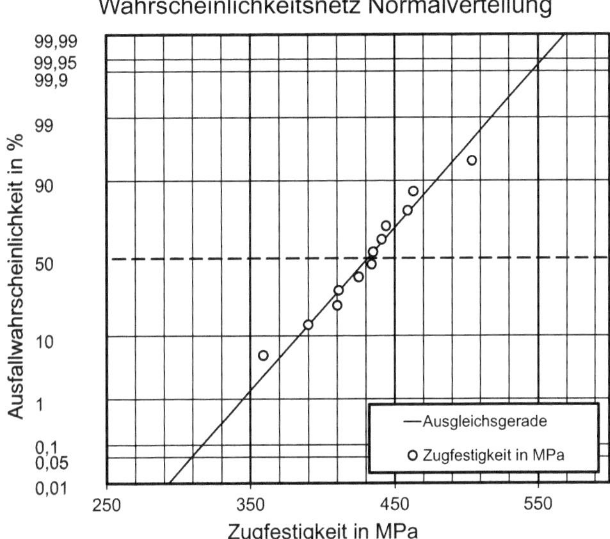

Abbildung 13-5: Eintragen der gemessenen Zugfestigkeiten im Wahrscheinlichkeits-netz

Häufig nähern sich die Versuchswerte der Stichprobe im Wahrscheinlichkeitsnetz nicht einer Gerade an. Typisch sind zwei Fälle, die in Abbildung 13-6 dargestellt:

- Krümmung: Die angenommene Verteilung stimmt nicht mit der tatsächlichen Verteilung überein. Die Bewertung muss für andere Verteilungen, z. B. log. Normalverteilung erfolgen.
- Mehrere Geraden: Es liegt eine Mischverteilung vor. Die Stichprobe setzt sich in Wahrheit aus zwei oder mehr voneinander verschiedenen Verteilungen zusammen. Jede der Verteilungen muss separat in einem eigenen Wahrscheinlichkeitsnetz ausgewertet werden.

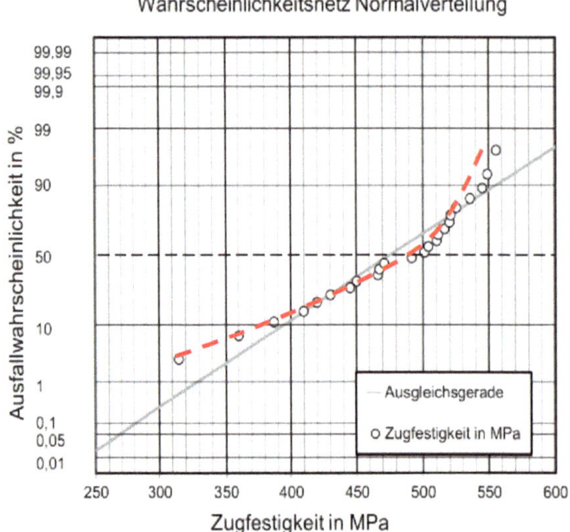

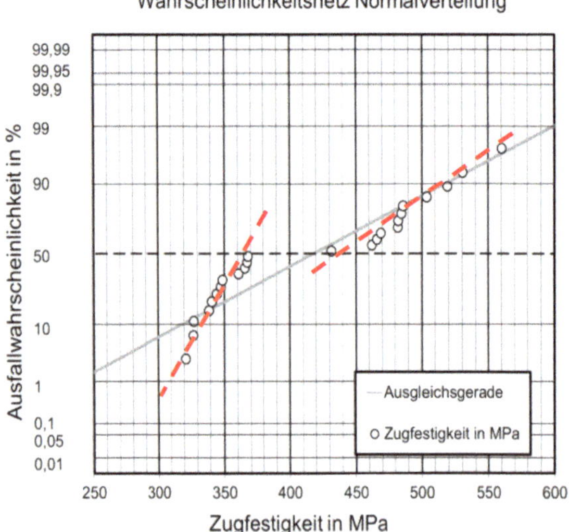

Abbildung 13-6: Beispiele für Auffälligkeiten im Wahrscheinlichkeitsnetz.
Oberes Bild: die angenommene Verteilung widerspricht der Stichprobenverteilung.
Unteres Bild: es liegt eine Mischverteilung vor (siehe gestrichelte Geraden).

13.2.3 DIE NORMALVERTEILUNG

Der Verlauf der Dichtefunktion f(t) der Normalverteilung (oder auch Gauß Verteilung) ist die Glockenkurve. Bei der Normalverteilung handelt es sich um eine symmetrische Verteilung, da der Verlauf der Dichtefunktion symmetrisch zum Mittelwert $\bar{t}$ ist (vgl. Abbildung 13-7).

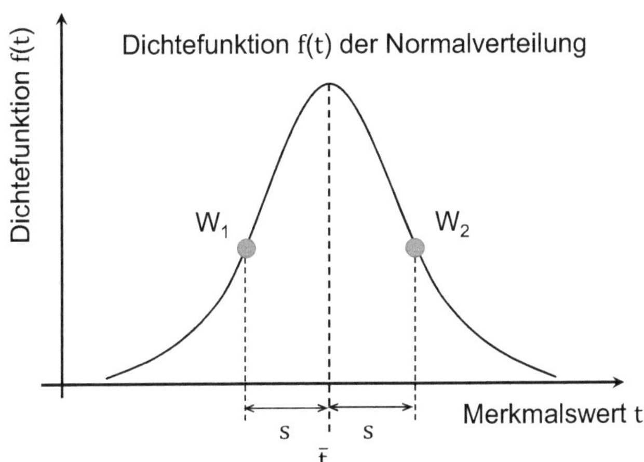

Abbildung 13-7: Die Dichtefunktion der Normalverteilung

Die Normalverteilung wird über zwei Parameter charakterisiert, den Mittelwert $\bar{t}$ (Lageparameter) und die Standardabweichung s_t (Formparameter). Wir sprechen hier also von einer zweiparametrischen Verteilung. Je größer der Mittelwert, umso größer sind im Mittel die gemessenen Merkmalswerte.

Die Standardabweichung s_t beschreibt die Form (Breite) der Verteilung. Mit steigender Standardabweichung wird die Streuung größer, die Dichtefunktion wird breiter. Damit steigt auch die Unsicherheit des Messergebnisses. Grafisch interpretiert ist die Standardabweichung s der Abstand des Wendepunktes W der Dichtefunktion vom Mittelwert $\bar{t}$.

Aus dem Mittelwert $\bar{t}$ nach der Gleichung von Kapitel 13.1.1 von Seite 83 $\bar{t} = \frac{\sum_{i=1}^{n} t_i}{n}$

und der Standardabweichung s_t nach Kapitel 13.1.6 von Seite 87 $s_t = \sqrt{\frac{\sum_{i=1}^{n}(t_i - \bar{t})^2}{n-1}}$ der

Stichprobe wird die empirische Dichtefunktion ($f^*(t)$) bestimmt. Grafisch kann der Mittelwert z. B. aus dem Diagramm der Ausfallwahrscheinlichkeit bei $P_F(\bar{t}) = 50\%$ oder dem der Zuverlässigkeit bei $R(\bar{t}) = 50\%$ abgelesen werden, s. Abbildung 13-8.

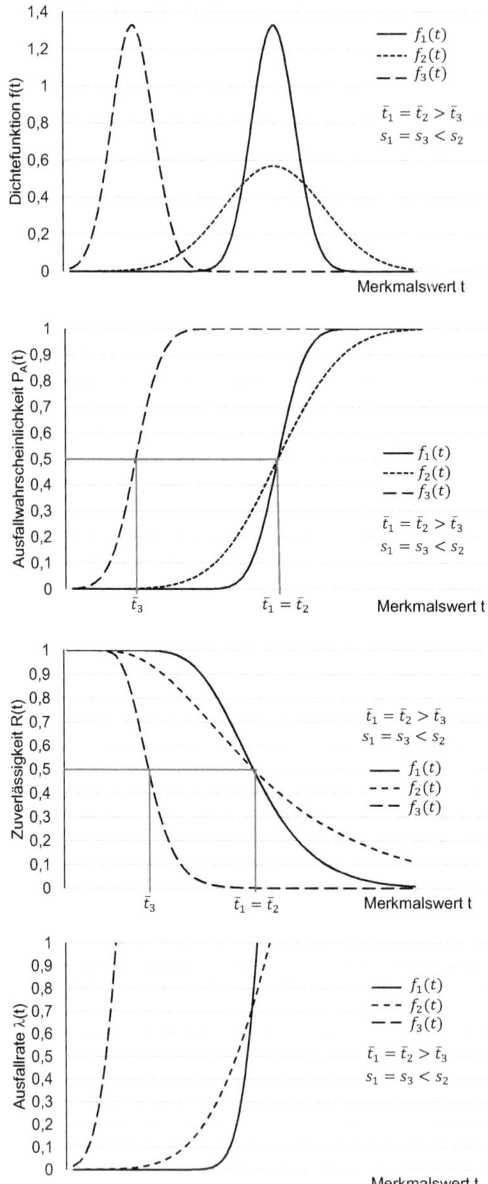

Abbildung 13-8: Schematischer Verlauf verschiedener Normalverteilungen

14 ANTWORTEN ZU WARUM-FRAGEN

1. Weil mal 1000 und geteilt durch 3600 $= \dfrac{1}{3,6}$
2. Auf Seite 2, da hier die Kraft auf eine kleinere Fläche wirkt.
3. Sonst würde die Strömung abreißen oder sich aufstauen. Das ist nicht möglich.
4. Da der Motor am öffentlichen Netz angeschlossen ist

15 LITERATURVERZEICHNIS

[1] „ingenieurkurse.de," [Online]. [Zugriff am 25 01 2022].

[2] „sps-lehrgang.de," [Online]. [Zugriff am 25 01 2022].

[3] A. Böge, W. Böge und G. Böge, „Technische Mechanik: Statik – Reibung – Dynamik – Festigkeitslehre – Fluidmechanik," in *Technische Mechanik*, Wiesbaden, SpringerVieweg, 2019, p. 441.

[4] H. Gudehus und H. Zenner, Leitfaden für eine Betriebsfestigkeitsrechnung: Empfehlungen zu Lebensdauerabschätzung von Maschinenbauteilen, Verein z. Förderung d. Forschung und d. Anwendung und von Betriebsfestigkeitskenntnissen in d. Eisenhüttenindustrie, 1999.

16 STICHWORTVERZEICHNIS